健康建筑
2024

王清勤　孟　冲　张寅平◎等编著

机械工业出版社
CHINA MACHINE PRESS

为了全面、翔实、系统地记载我国健康建筑产业发展历程、科技成果、实践经验和阶段性发展趋势思考，供行业研究和决策制定借鉴，健康建筑产业技术创新战略联盟发起本书编纂工作，由理事长单位中国建筑科学研究院有限公司组织实施。本书分为专家论述篇、报告解读篇、标准解读篇、技术研究篇、工程案例篇、附录篇共六篇，梳理了2020—2023年健康建筑相关的政策、标准、研究、活动等。

　　本书适合从事绿色建筑、健康建筑相关专业的科研院所、高等院校、设计院、地产开发商、医疗机构、设备厂商、物业管理公司、施工单位等从业人员阅读参考。

图书在版编目（CIP）数据

健康建筑 . 2024 / 王清勤等编著 . —北京：机械工业出版社，2024.4

ISBN 978-7-111-75449-7

Ⅰ. ①健…　Ⅱ. ①王…　Ⅲ. ①建筑设计—环境设计—研究　Ⅳ. ① TU-856

中国国家版本馆 CIP 数据核字（2024）第 078333 号

机械工业出版社（北京市百万庄大街 22 号　邮政编码 100037）
策划编辑：刘　晨　　　　　　责任编辑：刘　晨
责任校对：曹若菲　王　延　　封面设计：鞠　杨
责任印制：李　昂
河北宝昌佳彩印刷有限公司印刷
2024 年 5 月第 1 版第 1 次印刷
184mm × 260mm · 17.25 印张 · 320 千字
标准书号：ISBN 978-7-111-75449-7
定价：139.00 元

电话服务　　　　　　　　　　　网络服务
客服电话：010-88361066　　　　机　工　官　网：www.cmpbook.com
　　　　　010-88379833　　　　机　工　官　博：weibo.com/cmp1952
　　　　　010-68326294　　　　金　书　　　网：www.golden-book.com
封底无防伪标均为盗版　　　机工教育服务网：www.cmpedu.com

前 言

人民健康作为美好生活和全面小康的基础，是我们每一位公民、每一个家庭最关心、最直接、最现实的利益。影响健康的因素复杂多样，如何发挥建筑环境的积极促进作用，是健康中国建设的重要内容。建设健康支持性环境，提供更加清洁的空气、卫生的水质、舒适的温度、充足的阳光、友好的设计、宜人的景观、便捷的健身场所、科学的膳食引导等条件，开展面向人民生命健康的建设科技工作，精准服务社会需求，是住房和城乡建设科技工作者的初心使命，也必将助力住房和城乡建设事业科技创新和品质提升。

2020 年以来，住房和城乡建设部、工业和信息化部等部门陆续发布《绿色建筑创建行动方案》《"十四五"建筑节能和绿色建筑发展规划》《推进家居产业高质量发展行动方案》等文件，明确提升建筑健康性能、增加健康产品供给的要求。在 2023 年全国住房和城乡建设工作会议上，住房和城乡建设部部长倪虹强调，当前和今后一个时期，要牢牢抓住让人民群众安居这个基点，以努力让人民群众住上更好的房子为目标，从好房子到好小区，从好小区到好社区，从好社区到好城区，进而把城市规划好、建设好、治理好。在这一方面，健康建筑基于人的生理、心理和社会适应需求，开展研究和实践，取得了阶段性的成果和经验。

2016 年 3 月 1 日，中国建筑科学研究院有限公司联合建筑科学、公共卫生、体育健身等领域权威机构，基于大量研究成果，启动我国首部《健康建筑评价标准》的编制；2017 年 1 月 6 日，《健康建筑评价标准》（T/ASC 02—2016）发布实施，构建了空气、水、舒适、健身、人文、服务六大指标体系；2017 年 4 月 18 日，健康建筑产业技术创新战略联盟成立，凝聚全产业链优势资源，助力科技服务创新，推动我国健康建筑产业发展。在各方的积极推动下，健康建筑和区域环境营造理论与集成技术日趋成熟；

标准体系不断完善，覆盖产品、空间、建筑、社区、小镇。截至 2023 年 11 月，工程项目建筑面积累计近 1.2 亿 m^2，代表项目屡次获得国际健康建筑奖项。健康建筑的发展已经从单学科为主到跨学科跨领域融合、从单栋建筑到建材设备和城镇片区系统化发展、从经济发达的城市到全国范围规模化落地，已经形成符合中国国情、联动上下游产业资源、面向人民健康的解决方案。

为了全面、翔实、系统地记载我国健康建筑产业发展历程、科技成果、实践经验和阶段性发展趋势思考，供行业研究和决策制定借鉴，健康建筑产业技术创新战略联盟发起本书编纂工作，由理事长单位中国建筑科学研究院有限公司组织实施。本书受到"十三五"国家重点研发计划项目"既有城市住区功能提升与改造技术（2018YFC0704800）"支持。

本书在编排结构上共分为六篇。

专家论述篇：汇总我国知名学者和设计师从公共卫生、建筑科技、城市规划、地域性设计和健康建筑视角对人居健康环境营造需求、现状和路径的思考。

报告解读篇：介绍国内外健康福祉工作框架、健康城市评价结果、健康人居需求调研和长期价值，以及老龄化背景下适老化环境的改造问题和发展趋势。

标准解读篇：介绍我国健康建筑、健康医院、健康社区、健康小镇等系列工程标准，建筑产品、声环境专项标准，以及国外建筑评价相关技术标准。

技术研究篇：介绍光环境提升、油烟控制、智能家居、功能建材等关键技术与发展展望，以及公共场所等环境的风险防控和健康性能优化策略。

工程案例篇：选取获得健康建筑、健康社区、健康小镇标识的代表性项目，从主要技术措施、实施效果和社会效益等方面进行详细解读。

附录篇：介绍健康建筑产业技术创新战略联盟、2020—2023 年中国健康建筑标识评价总体情况以及健康建筑相关的政策、标准、研究、成果、活动等工作。

本书编写过程中，受到中国建筑科学研究院有限公司、中国城市科学研究会绿色建筑研究中心、国家建筑工程技术研究中心等单位的大力支持。同时，得到健康建筑产业技术创新战略联盟理事、技术委员会委员等专家的指导，在此一并表示诚挚的感谢。

本书的编写凝聚了所有参编人员和专家的智慧，在大家辛苦的付出下才得以完成。由于时间仓促和编者水平所限，书中难免存在疏忽和不足之处，恳请广大读者批评指正。

本书编委会

2024 年 3 月 31 日

目 录
C O N T E N T S

第四篇　技术研究篇

第五篇　工程案例篇

附录篇

01

　　健康中国是国家层面的宏大战略目标，健康城市是健康中国战略在城市层面的延伸和体现，健康社区和健康建筑则是建设健康城市过程中的细胞环节。实现了自上而下指引，和自下而上支撑。本篇遴选了五位专家学者关于健康建筑的见解和深刻思考，希望能够给读者带来启发和启示。

　　本篇首先剖析了健康建筑在国家战略层面的重要意义和发展方向，为读者揭示了健康建筑与国家整体发展的紧密联系；其次，系统探讨了科技在健康建筑中的运用，探索了科技革新对健康建筑发展的启示；然后，聚焦于城市规划对健康建筑的影响，强调了人文关怀在城市规划中的重要性；进而，深入探讨了传统与现代融合的地域性健康建筑设计理念，为读者展现了传统文化与现代建筑的有机结合；最后，对我国健康建筑的发展进行了回顾与展望。

刘德培："健康中国"战略解读

2021 年 3 月，习近平总书记在福建考察时指出"现代化最重要的指标还是人民健康，这是人民幸福生活的基础。把这件事抓牢，人民至上、生命至上应该是全党全社会必须牢牢树立的一个理念"。党的十八大以来，党和国家把维护人民健康摆在更加突出的位置，召开全国卫生与健康大会，实施健康中国战略，确立新时代卫生与健康工作方针，为维护人民生命安全和身体健康做出了重要贡献。

一、背景

当前，随着工业化、城镇化和人口老龄化，加之疾病谱、生态环境、生活方式不断变化，我国仍然面临多重疾病威胁并存、多种健康影响因素交织的复杂局面，既面对着发达国家面临的卫生与健康问题，也面对着发展中国家面临的卫生与健康问题。这些问题若不能得到有效解决，必然会严重影响人民健康，制约经济发展，影响社会和谐稳定。这其中比较突出的有四大挑战。

第一，人口结构转变问题。当前，出生人口性别比例失调、未富先老等问题困扰着我国。

第二，城乡社区医疗问题。医疗卫生资源分配不合理、医疗费用快速上涨、居民个人医疗负担沉重、农民卫生问题突出等，都是建设健康中国的重大障碍。

第三，食品药品安全问题。在生物、食品、药品安全方面，生物安全防控体系不健全，食品药品标准体系还不够完善，检测、鉴别和监管能力不足等问题，都威胁着国家安全和人民健康。

第四，环境健康问题。习近平总书记指出绿水青山就是金山银山，从自然大环境、到城市建设环境、再到我们的社区和房屋的小环境，其中的各项风险因素时时刻刻影响并威胁着人民群众的健康。

面对这些健康挑战，党和国家的高度重视和一系列战略决策的出台为解决这些问题带来了重大机遇。习近平总书记强调"将健康融入所有政策"，党的十九大作出实施健康中国战略的重大决策部署，并在 2018 年成立了国家卫生健康委员会，主导各项卫生与健康制度改革。《"健康中国 2030"规划纲要》《中国防治慢性病中长期规划（2017—2025 年）》《全民健身计划（2021—2025 年）》等慢性病防治、全民健身规划文件也相继出台。这些彰显了党和国家对人民健康问题的重视，以及应对当前复杂的健康挑战，提升人民群众幸福感、获得感的决心。

另一方面，科学技术日新月异的进步也是一个重大机遇。第一点，医学模式发生转变，从单纯的生物医学模式转变为环境、社会、心理、工程、生物的综合医学模式。第二点，生命科学和系统生物学的发展突飞猛进，系统生物医学能够全方位、立体化、多视角地研究生命全过程和疾病全过程。第三点，跨学科、跨领域的融合，将环境中存在的风险因素对人体健康产生的长期和短期作用的科学问题，以及感知、预防和干预这些因素等科学问题连接起来，为卫生关口前移提供了可行、可靠的解决路径。

二、战略解读

（一）四大原则、战略主题与根本目的

1. 四大原则

《"健康中国 2030"规划纲要》指出，要遵循健康优先、改革创新、科学发展、公平公正四大原则；把健康摆在优先发展的战略地位。这包含了四个层面的含义。

第一个层面，要立足国情，将促进健康的理念融入公共政策制定实施的全过程，加快形成有利于健康的生活方式、生态环境和经济社会发展模式，实现健康与经济社会良性协调发展。

第二个层面，要坚持政府主导，发挥市场机制作用，加快关键环节改革步伐，冲破思想观念束缚，破除利益固化藩篱，清除体制机制障碍，发挥科技创新和信息化的引领支撑作用，形成具有中国特色、促进全民健康的制度体系。

第三个层面，要把握健康领域发展规律，搭建以坚持预防为主、防治结合、中西医并重的医疗诊治思路。转变服务模式，构建整合型医疗卫生服务体系，推动健康服务从规模扩张的粗放型发展转变到质量效益提升的绿色集约式发展，推动中医药和西医药相互补充、协调发展，提升健康服务水平。

第四个层面，要以农村和基层为重点，推动健康领域基本公共服务均等化，维护基本医疗卫生服务的公益性，逐步缩小城乡、地区、人群间基本健康服务和健康水平的差异，实现全民健康覆盖，促进社会公平。

2. 战略主题

健康中国建设以"共建共享、全民健康"为主题。需要从供给侧和需求侧两端发力，统筹社会、行业和个人三个层面，形成维护和促进健康的强大合力。要促进全社会广泛

参与，强化跨部门协作，深化军民融合发展，调动社会力量的积极性和创造性，加强环境治理，保障食品药品安全，预防和减少伤害，有效控制影响健康的生态和社会环境危险因素，形成多层次、多元化的社会共治格局。要推动健康服务供给侧结构性改革，卫生、体育等行业主动适应人民健康需求，深化体制机制改革，优化要素配置和服务供给，补齐发展短板，推动健康产业转型升级，满足人民群众不断增长的健康需求。要强化个人健康责任，提高全民健康素养，引导形成自主自律、符合自身特点的健康生活方式，有效控制影响健康的生活行为因素，形成热爱健康、追求健康、促进健康的社会氛围。

3. 根本目的

健康中国建设的根本目的是实现全民健康。立足全人群和全生命周期这两个着力点，提供公平、系统、惠及全人群的健康服务，实现更高水平的全民健康。不断完善制度、扩展服务、提高质量，使全体人民享有所需要的、有质量的、可负担的"促防诊控治康"（健康促进、疾病预防、诊断、控制、治疗、身体康复）等健康服务，突出解决妇女儿童、老年人、残疾人、低收入人群等重点人群的健康问题。覆盖全生命周期，针对生命不同阶段的主要健康问题及影响因素，确定若干优先领域，强化干预，实现从胎儿到生命终点的全程健康服务和健康保障，全面维护人民健康。

（二）树立健康观

年龄与患病率、患病严重程度具有密切关系。随着年龄的增长，衰老具有四个层次：第一层，生物生理机能衰退，疾病易感性增加；第二层，系统性免疫、代谢和内分泌功能紊乱；第三层，细胞功能紊乱；第四层，生物分子维护异常，以 DNA 损伤和蛋白质折叠错误为代表的生物分子维系不良。其中，第二层与人们的生活方式直接相关，第四层则与人的遗传因素有关。

人体健康影响因素包括生物学因素、环境因素、医疗服务以及行为和生活方式，其中行为和生活方式对人体健康的影响最大。研究发现，在合适的时间和强度下改变人的日常饮食、能量限制和适量运动能够激活机体 DNA 损伤修复、自噬等内在适应性机制，抵抗衰老和相关疾病，达到多病共防共治的目的。图 1-1-1 所示为人体健康影响因素与健康法条。

医学发展的大趋势是建立大健康观，树立"四维健康"的理念。其中，一维是无病无弱，二维是无病无弱和身心健全，三维是无病无弱、身心健全和社会适应，四维是无病无弱、身心健全、社会适应和环境和谐。通过改变日常行为和生活方式，不但能够降低炎症和代谢内分泌功能紊乱，控制多种重大疾病的发生发展，还能改善细胞和分子水平的状态，促进健康。

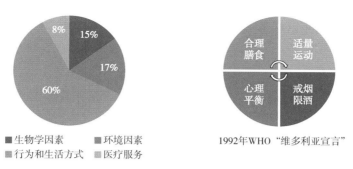

图 1-1-1　人体健康影响因素与健康法条

（三）六大工作重点

"健康中国 2030"规划纲要是推进健康中国建设的行动纲领。坚持以人民为中心的发展思想，牢固树立和贯彻落实创新、协调、绿色、开放、共享的发展理念，坚持正确的卫生与健康工作方针，坚持健康优先、改革创新、科学发展、公平公正的原则，以提高人民健康水平为核心，以体制机制改革创新为动力，从广泛的健康影响因素入手，以普及健康生活、优化健康服务、完善健康保障、建设健康环境、发展健康产业为重点，把健康融入所有政策，全方位、全周期保障人民健康，大幅提高健康水平，显著改善健康公平。"健康中国 2030"工作重点有以下六个方面。

1. 普及健康生活

一是加强健康教育。提高全民健康素养，加大学校健康教育力度。二是塑造自主自律的健康行为。引导合理膳食，开展控烟限酒，促进心理健康，减少不安全性行为和毒品危害。三是提高全民身体素质。完善全民健身公共服务体系，广泛开展全民健身运动，加强体医融合和非医疗健康干预，促进重点人群体育活动。图 1-1-2 为普及健康生活的具体措施。

图 1-1-2　普及健康生活的具体措施

2. 优化健康服务

一是强化覆盖全民的公共卫生服务。防治重大疾病，完善计划生育服务管理，推进基本公共卫生服务均等化。二是提供优质高效的医疗服务。完善医疗卫生服务体系，创新医疗卫生服务供给模式，提升医疗服务水平和质量。三是充分发挥中医药独特优势。提高中医药服务能力，发展中医养生保健治未病服务，推进中医药继承创新。四是加强重点人群健康服务。提高妇幼健康水平，促进健康老龄化，维护残疾人健康。

3. 完善健康保障

一是健全医疗保障体系。完善全民医保体系，健全医保管理服务体系，积极发展商业健康保险。二是完善药品供应保障体系。深化药品、医疗器械流通体制改革，完善国家药物政策。图 1-1-3 为完善健康服务的具体措施。

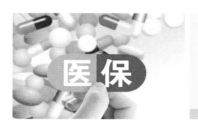

图 1-1-3　完善健康服务的具体措施

4. 建设健康环境

一是深入开展爱国卫生运动。加强城乡环境卫生综合整治，建设健康城市和健康村镇。二是加强影响健康的环境问题治理。深入开展大气、水、土壤等污染防治，实施工业污染源全面达标排放计划，建立健全环境与健康监测、调查和风险评估制度。三是保障食品药品安全。加强食品安全监管，强化药品安全监管。四是完善公共安全体系。强化安全生产和职业健康，促进道路交通安全，预防和减少伤害，提高突发事件应急能力，健全口岸公共卫生体系。图 1-1-4 为建设健康环境的具体措施。

图 1-1-4　建设健康环境的具体措施

5. 发展健康产业

一是优化多元办医格局。二是发展健康服务新业态。三是积极发展健身休闲运动产业。四是促进医药产业发展。加强医药技术创新，提升产业发展水平。图 1-1-5 为发展健康产业的具体措施。

6. 健全支撑与保障

一是深化体制机制改革。把健康融入所有政策，全面深化医药卫生体制改革，完善健康筹资机制，加快转变政府职能。二是加强健康人力资源建设。加强健康人才培

图 1-1-5　发展健康产业的具体措施

养培训，创新人才使用评价激励机制。三是推动健康科技创新。构建国家医学科技创新体系，推进医学科技进步。四是建设健康信息化服务体系。完善人口健康信息服务体系建设，推进健康医疗大数据应用。五是加强健康法治建设。六是加强国际交流合作。

　　建设健康中国的根本目的是提高全体人民的健康水平，人民健康也是社会主义现代化强国的重要指标。党的十九大报告将健康中国作为国家战略实施，进一步确立了人民健康在党和政府工作中的重要地位。以健康优先就是要把健康融入所有政策，以人民的健康需求为导向发展健康服务。在政策提出和落实的过程中，要正确认识健康中国战略的重要作用，积极调动医疗、环境、教育、法治等多部门共同努力，坚持健康优先原则。

三、健康建筑与健康中国

　　2020 年 9 月 11 日，习近平总书记主持召开科学家座谈会时强调，我国科技事业发展要坚持"四个面向"：面向世界前沿、面向经济主战场、面向国家重大需求、面向人民生命健康，不断向科学技术广度和深度进军。人民健康是科技工作的现实归依。科技工作应该同国家、人民和市场需求相结合，完成科学研究、实验研发、推动应用的"三级跳"，并循环往复更新，才能真正实现创新价值和社会价值，这一方面建筑行业有很大潜力。

（一）健康建筑推动建筑行业高质量发展

　　健康建筑是绿色建筑更高层次的深化和发展。绿色建筑认证的着重点在建筑本身，强调环保和可持续性；健康建筑认证的着重点在建筑里面的人，目的是追求建筑中人的健康。

健康建筑建立在绿色建筑的基础之上，以人对健康的需求为基本出发点来审视建筑技术、建筑设施、建筑服务的配备。将建筑要素重新分解，形成"空气、水、舒适、健身、人文、服务"六大体系，全面提升建筑的健康性能，打造全龄友好的建筑环境。

（二）健康建筑提升人民群众健康生活水平

我国社会的主要矛盾已经转化为人民日益增长的美好生活需要和不平衡不充分的发展之间的矛盾。因此，要把人民健康放在优先发展的战略地位，整合健康资源、健康产业，建设人人共建共享的健康中国。

健康的建筑可以提供清新的室内空气、洁净的饮用水、安静的睡眠和工作环境、宜人的景观绿化、便捷的健身设施、轻松的心理调节空间等，为人们生活、工作、学习在健康的建筑环境提供基本保障。

（三）健康建筑助力"健康中国"战略落地实施

建筑承担了日常居住、办公、饮食、健身、娱乐、会议等重要功能，是心理健康服务、基础医疗体检服务、全民健身服务、妇幼保障设施等系列健康措施的重要环境基础。

发展健康建筑产业是一项民生工程，构建具有市场导向的创新技术体系和服务体系，是增强人民安全感、获得感和幸福感的重要基础。健康建筑以保障和促进使用者全面健康为出发点，从室内外空间布局、色彩搭配、功能设施设备配置、健康管理与服务切入，是"健康中国"战略基层建设的重要依托。

四、总结展望

健康建筑是城乡建设领域响应"健康中国"战略的重要载体。发展健康建筑既是满足人民群众对建筑健康性能需求的直接途径，也是发展健康产业的关键构成要素。未来 15 年，是推进健康中国建设的重要战略机遇期。在此过程中，健康建筑作为"健康中国"战略在城乡建设领域落地实施的重要举措，顺应时代发展趋势与人民切实需求，将打开建筑业发展的新局面，迎来更高质量、更快速度的发展，通过不断探索，我国健康建筑的新时代将很快到来，必将助力"健康中国"战略早日实现。

作者：刘德培

（中国工程院院士，中国医学科学院基础医学研究所）

庄惟敏：健康建筑科技工作和实践思考

健康建筑在我国的现代建筑实践中是新兴概念，行业内外对其还相对陌生。实际上，早在 20 世纪 80 年代，北欧、日本等发达国家在环保体系认证、建材健康指标体系、室内空气质量评估等方面都进行了一些研究和积累。20 世纪 90 年代，我国学者也开始对健康建筑、健康城市展开研究。本文就我国健康建筑科技工作的进展及实践思考与读者进行探讨。

一、背景

从可公开查询到的资料来看，2004 年 3 月我国国家住宅与居住环境工程中心出台了《健康住宅建设技术要点》，经多次修订后形成《健康住宅建设技术规程》，成为住宅建筑健康性能提升的技术蓝本之一。2016 年 3 月，中国建筑科学研究院和中国城市科学研究会等机构启动了《健康建筑评价标准》（以下简称《标准》）的编制工作，创新性地提出了以健康要素为核心、兼具引领性与适用性的指标体系，形成了适用于各类民用建筑健康性能评价的行业技术蓝本。这部标准发布后，由于编制团队高度的行业影响力、高质量的标准编制水平以及有效的推进模式，使得健康建筑得到了各方高度关注。同年 12 月，《健康建筑评价管理办法》（试行）发布，健康建筑项目推进工作全面启动。

《标准》对健康建筑的定义是：在满足建筑功能的基础上，为建筑使用者提供更加健康的环境、设施和服务，促进建筑使用者身心健康，实现健康性能提升的建筑。《标准》力求满足人们当前日益增长的健康需求，从与建筑使用者切身相关的室内外环境、空气品质、水、设施、建材等方面入手，将建筑使用者的直观感受和健康效应作为关键性评价指标，致力于让使用者真正成为绿色健康建筑的受益群体。《标准》定位于绿色建筑多维发展的深化方向，以使用者的"健康"属性为核心，在我国绿色建筑领域尚属先例。《标准》以健康为核心，以使用者的实际满意度为重点，提升绿色建筑的品质，引领绿色建筑达到更高的目标。

二、发展现状

1. 健康建筑在政策层面得到了国家大力支持

2016 年 10 月国务院印发的《"健康中国 2030"规划纲要》(以下简称《纲要》)指出，2030 年具体实现以下目标：人民健康水平持续提升、主要健康危险因素得到有效控制、健康服务能力大幅提升、健康产业规模显著扩大、促进健康的制度体系更加完善。《纲要》所提出的战略规划目标，成为当前健康建筑行业最值得思考和探索解决的问题之一。

当前建筑行业已经进入了存量时代，新建建筑数量正在逐年递减，既有建筑改造、绿色节能、空调系统更新逐渐成为建筑设计行业最重要的业务板块。健康建筑是最能够体现建筑内在品质的研究成果，推进健康要素融入研究全过程逐渐成为当代城市更新和城市建设中的重要内容。

2. 新冠疫情持续影响着行业对健康建筑的思考与认知

新冠疫情的出现与过去，恰恰证明了以研究为先导的设计是健康建筑领域的理性发展思路。建筑行业从业人员在思考为何疫情最容易出现在农贸市场、海鲜市场等场所，究其原因，上述场所的建设并不是从城市建设角度出发的，而是从城市管理角度出发的。城市治理作为城市建设的重要内容，并非城市管理人员通过行政的方式，将散乱的摊主汇聚后形成农贸市场，而是应当作为城市大存量背景下建筑学领域重要的研究问题。通过分析该类场所内高度、容量、通风、日照、摊位布置等设计参数，利用建筑学思维对疫情传播通路进行阻断，方可实现建筑学学科的历史使命。

由于疫情等突发事件的出现，各地陆续也相应开展了防控常态化设施建设，有些临时建在了盲道上。然而在最初的城市规划里并没有这种设施，从盲道建设相关管理规定来看，防控常态化设施可能成为违章建筑；但是从城市建设先导研究方面来看，防控常态化设施具有更为独特的历史使命。因此，思考建筑行业面对突发事件设施建设中的正确做法，成为当下建筑行业刻不容缓的时代命题。

3. 建筑行业面临着规范、标准的修订和变化

以医院设计为例，当前医院设计发生了许多大的变化，与医疗界的医院建设规范存在诸多出入。比如由于负压病房的特殊性，卫健委、住建部现有的医疗建设规范和标准对负压病房面积的规定尚不完善，也未对设立负压病房的医院资质提出对应要求。上述问题必将影响到未来医院建设、布局、投资等方面，这些都与建筑学有着密闭可分的关系。

三、未来展望

在当前地产宏观形势不利的时代背景下，对于建筑从业者，特别是建筑师们，应当抓住时代机遇，静下心、沉住气。围绕当前健康建筑出现的新问题，探讨新的解决方案，积极探索适合当前快速变化环境下的健康建筑设计准则。健康建筑领域的研究与从业人员应当响应党和国家"健康中国 2030"的号召，完成健康建筑发展、提高与创新的历史使命。

坚持发布健康建筑蓝皮书，做好国家数据战略智库。健康建筑蓝皮书要充分阐述健康建筑推进过程中人民所面临的问题、现状和诉求，清晰预判健康建筑未来的发展方向，为主管部门颁布相关政策提供高质量、权威的智库信息。作为党和国家制定国家战略所参考的技术蓝本，健康建筑乃至整个建筑行业应从粗放式、保证经济效益为主的发展模式向精细化、注重发展质量的研究型发展模式转变，以经济和社会效益作为标准的评价准则。

未来，应将健康效应总和纳入健康建筑年度评价指标，并作为健康建筑研究的重要内容，通过事后评估的方式判断成果优劣，推动健康建筑协同创新，加快健康建筑迭代升级。

作者：庄惟敏

（中国工程院院士，清华大学建筑设计研究院）

李晓江：以人为本的城市规划工作思考

"人"的话题是我国当下最核心的话题。党的十九大报告提出"我国社会主要矛盾已经转化为人民日益增长的美好生活需要和不平衡不充分的发展之间的矛盾"，这一表述是对当前中国经济社会发展阶段最为准确的判断。

自改革开放我国经过 40 多年的奇迹发展，从一个绝对贫困社会变成中高收入社会。2021 年我国人均 GDP 超过 12500 美元，达到联合国、世界银行的中高收入社会标准，但距离发达国家标准还有一定距离。第二次世界大战以后曾有几十个国家的人均 GDP 先后达到 1 万美元以上，但最后大多没能跨过中等收入陷阱，包括俄罗斯、乌克兰、巴西、阿根廷、利比亚等国家。实际上，能够跨过中等收入陷阱的是极少数国家，目前只有不到 30 个国家真正成为发达国家。

持续扩大中等收入群体，让中国社会跨过中等收入陷阱，这是我国当下社会的核心问题。因而需要处理好两大问题：一是转变发展模式的问题，必须从野蛮扩张的发展模式转向生态文明的发展模式，实现人与自然的和谐共生，绿色发展是一条必由之路；二是解决社会公平问题，解决人的发展和共同富裕问题。人的问题是城市规划的核心问题，如何科学合理地进行建筑规划影响到人的全面发展。

一、人的结构

以往对人的关注主要是经济视角的高中低收入结构，但人的结构与人群画像应是多维度的。除收入水平、经济视角以外，还有社会视角的身份与角色，例如男女老幼、农村居民与城市居民、户籍居民与流动人口等；还有价值观视角的人群差异，如兴趣、偏好、立场的选择等，不同价值观、不同生活态度导致人们在生产生活方面出现各种差异。

规划师应以更专业的方式去关注性别问题、社群公平问题和弱势群体的脆弱性问题。当前社会对性别问题的关注度已明显提高，但多是以争吵的方式来讨论性别问题。

在中国环境与发展国际合作委员会（以下简称"国合会"）政策研究的工作中，国合会的政策研究报告中必须有一个独立的章节讨论性别与社会公平问题；中方和外方项目成员中必须指定一位"性别专员"，邀请第三方专家参与性别问题研究。这样的设置将促使研究团队真正重视性别问题，做出有深度的研究发现和理性的应对策略。

国合会的政策研究报告特别关注欠发达地区的灾害暴露度，关注乡村地区和小村镇的老人、留守儿童、女性在各种灾害中的脆弱性。2021年的国合会报告主题为流域的气候适应与治理的系统性研究。在对长江流域气候适应与安全韧性的研究中，中国城市规划设计研究院西部分院高度关注农村地区的安全韧性问题。针对农村地区老人、留守儿童、女性比例最高，在各种灾害中所处的地位更脆弱，更容易受到安全威胁的情况，从国际上去寻找和比较在流域治理中处理性别问题和社会公平问题的方法，并且权衡它们是否适用于我国。

二、人的需求

不同收入阶层、不同社会角色、不同兴趣偏好的人群既有共同的需求，也存在需求的差异化，一定要考虑不同群体的需求。一方面为中等收入群体创造更好的生活环境，增加居住用地、公共服务；另一方面为弱势群体、低收入群体提供可承受的生产生活空间，比如城中村、夜市、沿街排档等，城市空间资源分配要实现"空间正义"，让不同的群体各取所需、各得其所。

对于中产阶级而言，其生存型需求具体有以下方面：高品质生活、高性价比的城市；高收入、有发展空间的就业；具有保值、增值能力的住房资产；优质的子女教育机会；可承受的健康医疗与养老；支配时间的自由。体验型需求有：在文化消费方面，有观影、观剧、观展等娱乐活动及场所供给；在旅游度假方面，有更加合理的休假制度和充分的魅力特色空间供给；在交流交往方面，有实体与虚拟形态、个性化、选择性的交往交流形式，公共或私人的、户外或室内的独处空间、交流空间；在时尚消费方面，有便利的健身、康体、美容场所；时尚产品与消费方式，满足好奇或虚荣心的网红场所与打卡地。图1-3-1为城市某特色空间场所示意图。

满足低收入群体的基本需求和尊严是城市空间和服务供给正义性的体现。符合基本安全、卫生要求的，可承受的住房和基础设施配套，而非集体宿舍；低成本、管制较宽松的生产、经营场所；可承受的、正规或"非正规"的幼托、教育、医疗等公共服务；物美价廉的餐饮、零售、娱乐休闲等生活服务；可承受的公共交通服务或交通工具路权。

图 1-3-1　城市某特色空间场所示意图

城中村、城乡接合部等"非正规"空间与服务供给是城市的客观需求，能够给城市带来积极作用，也可能产生低端职能、非核心职能过度聚集，造成秩序混乱和安全隐患。政府对"非正规"现象既要适当地包容，又要管理和引导其进行转型升级。

三、人的消费

中国经济结构中消费占比普遍较低，可能是全世界最低的国家之一。中国和美国的人均 GDP 比约为 1∶6，中国和美国的人均消费比却是 1∶12~14。中国人在衣食住行的基本消费占总消费的 80%，而美国只占 50%。中国消费本该有巨大的潜力，但释放得还不够充分。根源是我国的经济发展评价与考核指标、税收制度、财政制度、金融政策、货币政策等存在不足。我国经济发展应从以 GDP 为导向、深度依赖土地财政和房地产的状态中走出来，否则城市有机更新、绿色发展在缺乏制度保障的前提下是难以实现的。党的十九大明确了我国改革财政税收体制的方向，是终结土地财政房地产的基本政策，也是绿色发展、存量更新的制度保障。

改革开放以来，我国城乡居民经历了从温饱到质量再到品牌的产品消费过程，经历了从产品消费到服务消费、体验消费的升级过程。随着我国经济增长模式的转变以及国家财政税收、体制的深化改革，我国的经济结构必将从基建和出口导向转向居民消费，城乡居民消费能力将不断提高，人的消费需求可能会出现巨大增长。

在规划研究中应该思考与人群消费相关的问题。在预测未来碳排放趋势时，基于生活领域、社区层面的碳排放数据分析，我国当前人均生活能耗和碳排放远低于发达国家。碳中和不应以降低生活质量为代价，省吃俭用或降低生活水平的碳中和不是中国人民想要的。因此，必须充分估计未来我国城乡居民生活需求的增长趋势，设计真正可行的、符合人民美好生活需要的"双碳"战略和路径。

四、人的空间

城市空间品质提升应当重视阶层分化、身份差异、价值观的不同所带来的多元化、多类型需求，思考如何通过空间资源的配置去提供相应的服务。多年来，以基建为导向的发展模式促使设计人员重视物质资本的建设和积累，使得基础设施、房屋建设得到极大改善。然而，一些对现代化的误解也随之出现，似乎只有高楼林立、宽马路大广场、光鲜亮丽的市中心才是现代化，甚至形成了以大、高、怪为美的审美价值观。图 1-3-2 为城市某老旧社区，可发现其内部积累和蕴含着多元多样的空间资本价值，有待设计者的挖掘。仅靠物质资本价值实现不了现代化，在空间规划中促进物质资本、人力资本、社会资本、自然资本价值的共同提高才真正符合现代化的要求。

图 1-3-2　城市某老旧社区

国家现代化的进程是一个不断提高物质资本、人力资本、社会资本、自然资本水平的过程。因此，空间规划不仅需要关注物质资本的完善，也要关注抚幼、养老、教育、医疗等提升人力资本水平的空间与资源配置；关注低收入人群、弱势群体的空间需求和承受能力，关注"非正规"空间等提升的社会资本水平提高；关注城市绿色发展和社区绿色更新，关注"双碳"目标实现的自然资本水平提高。在方法上，倡导满足不同人群、不同需求的多元目标、织补式规划，对不同地区的人群、居住、就业、公共服务、开放空间和更新潜力进行总体分析评价，确定拟改造区域的功能和用途，用功能织补满足人们美好生活的需要。

五、人的场所

旅游、度假、休闲、运动、观展观剧、健身康体、交往交流等体验性需求已经成为社会不同阶层、不同身份群体的共同需要。但由于价值观、兴趣、偏好的差异，使得相同阶层、相同身份的人群也会有不同的消费选择偏好。因此，为城乡居民提供多元化、多样化、差异化的体验型场所是规划师、建筑师、景观师们的共同责任。

近年来，建筑和城市空间艺术与文化活动逐渐成为中产阶层进行文化与审美体验的重要活动。十几年前，深圳的双城双年展尚为业界的自娱自乐，但如今已成为深圳最重要的现象级文化活动；类似的还有上海的空间艺术季，北京、广州的空间设计、建筑与规划双年展等，均成为对居民具有吸引力的体验型活动。这些追求背后往往蕴含着人们对精神文化需求增长，对美好生活的向往。

唐子来老师曾经讲过："空间是规划出来的，场所是设计出来的。"规划师们需要"用设计做规划"。用人的视角、人的尺度、人的场景需求和人的心理与视觉需求去做规划设计。满足不同价值观、不同偏好的多元体验和消费、交流交往的场所需求。研究场景化特征，关注场所的文化性、时尚性、选择性，重视场所的个性化、定制化、差异化，让场所的区位优势得到体现，消费价格可被接受……上述内容均为认识、谋划、设计空间与场所的重要内容。

新冠疫情期间，北京天堂超市酒吧的疫情传播是一个现象级的场所和事件。其多元人群吸引力、服务内容与方式、区位与地段特征、商品与价格特征、聚集的人群类型、人群的交通到达方式、经营者的背景与经历等都是城市空间与场所研究重要的典型案例。特殊时期，产生这一现象的背后是多种人群所面临的生活及场所的共同需求。

六、总结

　　"空间正义、场所多样、绿色低碳"是城市规划的关键词。充分解析城市人群差异、人群分布，了解不同人群的需求差异，提供多元化的供给方案，持续关注绿色低碳，为城乡居民实现美好生活愿望提供多元化的空间和场所，这是城市规划工作者的责任，也是城市规划工作者的机会。

作者：李晓江

（中国城市规划设计研究院）

冯正功：继往向新——延续地域性绿色健康建筑的人文设计理念与实践路径

一、背景

借鉴和吸收地域传统历史文化是建筑永恒的主题，但在"设备主导，建筑从属技术"的趋势下，建筑师丧失了创造性，绿色健康建筑设计亦丧失了地域文化特色。针对这些问题，新版国家《绿色建筑评价标准》特别增加了"因地制宜传承地域建筑文化"内容，以加强对地域文脉的关注和引导。但是，在设计层面，绿色健康的现代建筑如何合理地转译地域建筑特征与文化内涵？在评价层面，对于量化指标主导的绿色建筑评价体系来说，又如何衡量延续地域性建筑形式、文化等建筑的品质？

这些问题仍需要长期的探讨。本文仅针对前者，从建筑师的视角出发，结合苏州的地域文脉，简要介绍以绿色健康建筑设计中延续地域性的实践路径和人文设计理念为主题所作的初步探索。

二、文脉：苏州的气候和地域建筑文化特征

地方气候造就建筑的地域特色。苏州的整体气候特征是温和湿润——季风更替明显，春夏多东南风，秋冬多北风；潮湿多雨，夏季闷热，冬季湿冷。"风雨交织"的典型气候特征自然影响了苏州传统住宅和园林的空间形态，以及采光遮阳、通风避风等环境应对方式的选择。

（一）宅院式的总体布局

苏州传统民居由宅与院两部分构成，园林亦是宅与院在横向空间上的延续与扩大（图 1-4-1）。首先，场地不是被视作一个整体进行设计，而是被室内外空间分隔成小块。

建筑单体与院子结合，共同构成基本单元，室内外空间作为整体使用。其次，宅院的空间模式呈现出内外截然相反的环境应对方式——院子被围墙明确界定，与城市气候环境分割开；围墙所包裹的单元内，室内外空间隔而不断，空间界面通透、轻盈，没有明确的气候边界。

图 1-4-1　苏州园林的总体布局

（二）系统性的环境应对方式

与技术的简单叠加不同，传统地域建筑的环境营造方式是一个结合总体布局、建筑形态等对通风、采光、遮阳综合考量的系统。

例如，苏州传统住宅的天井多以进深小于开间的横长方形为主，形成南北短、东西宽的格局。这有出于肌理密集的街坊用地经济性方面的考量，但更多的是基于地域环境针对夏季遮阳、通风的综合考虑——院落内建筑较短的南北间距使得天井能够依靠前部建筑的阴影而取得较好的遮阳效果；同时，自然通风是排除夏季湿热的有效手段。苏州传统住宅通过前后天井与落地长窗（长隔扇）等开口，共同构成立体的通风调节系统，灵活调节风速和风量，尤其是苏州传统住宅独特的蟹眼天井，以较小的开口强化了拔风效果。

（三）建筑与山水、花木的有机结合

园林的营建，"筑山凿池为骨干，栽花种树为主题"。苏州园林中，建筑单体并非孤立，"或配置花木，或隐于树丛中，或旁植高大乔木"，而需与在微气候调节中能够发挥不同作用的造园要素相组合。在占地较广的园林之外，普通住宅亦积极利用院墙内的空地和不规则地形带来的"隙地"布置园林小品，"略置湖石，栽花树，间列亭阁，绕以回廊"，天井中亦多种植乔木，起到夏季遮阳、冬季晒暖的效果。在城市大气候环境下，建筑与山水、花木的有机结合，共同营造出苏州园林较为稳定的微气候环境。

地方气候是建筑地域差异性形成的基础，更进一步，地域建筑与地方文化紧密相关。地域建筑是当地人的生活方式、意识观念和审美情趣在物理空间上的体现。

三、实践：延续地域性绿色健康建筑的设计

在延续地域性绿色健康建筑的设计实践中，苏州大学王健法学院和中衡设计集团研发中心两个项目是较有代表性的案例。前者在国家标准《绿色建筑评价标准》（GB/T 50378—2019）尚未出台时即前瞻性地践行了"绿色健康"的设计理念；后者则将苏州地域建筑特征延续至现代办公建筑的设计中，更为综合地使用了绿色策略。

（一）百年校园中前瞻性的绿色建筑设计——苏州大学王健法学院

1. 延续历史文脉的总体布局

王健法学院选址于苏州大学旧校址内，历史校园轴线终端的特殊位置、不规则的三角形基地和数棵百年古树，共同建构了场地文脉（图 1-4-2）。对此，新建筑设计采取体量消解的策略，遵循功能逻辑，将建筑体块巧妙地拆解为两部分。较小部分被放置于中轴线南端，与苏州大学历史最悠久的标志性建筑——钟楼"林堂"形成微妙的对话关系（图 1-4-3）。

图 1-4-2　苏州大学旧址鸟瞰图中的基地位置

图 1-4-2　苏州大学旧址鸟瞰图中的基地位置（续）

图 1-4-3　校园轴线两端钟楼与法学院的对话关系

2. 适应地域气候的环境营造

充分保留和利用场地中百年古树是苏州园林的营建传统。在三角形的基地中，东西两个体量恰为基地原有的五棵百年古树留出了庭院空间。以古树为中心形成的扇形半开放院落，结合北侧无柱连廊，形成场地南北向的通风廊道，增强了庭院与中心草坪之间的环境交互和自然通风（图 1-4-4、图 1-4-5）。

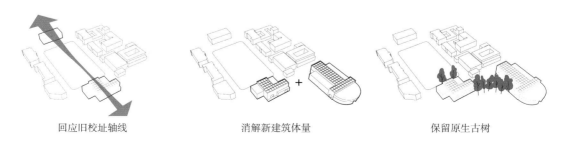

回应旧校址轴线　　　　　　消解新建筑体量　　　　　　保留原生古树

图 1-4-4　苏州大学王健法学院的总体布局和环境营造

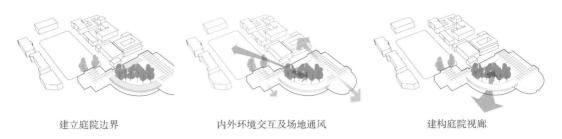

建立庭院边界　　　　　　　内外环境交互及场地通风　　　　　　建构庭院视廊

图 1-4-4　苏州大学王健法学院的总体布局和环境营造（续）

图 1-4-5　庭院中保留的百年古树

　　两部分体量均以中庭为微气候调节的核心空间。中庭三层通高，顶部凸出，侧面百叶与室外进行空气交换，形成穿堂风（图 1-4-6）；大面积的全玻璃采光屋面，获得了明亮、均匀的自然采光，与追求公开透明的法学院氛围相契合（图 1-4-7、图 1-4-8）。

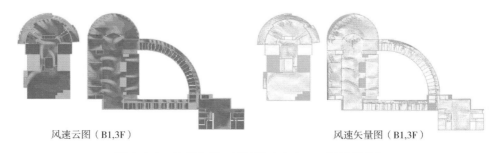

风速云图（B1,3F）　　　　　　　　　　风速矢量图（B1,3F）

图 1-4-6　苏州大学王健法学院室内风环境模拟分析

图 1-4-7　环境营造的核心空间——中庭

图 1-4-8　建成后苏州大学王健法学院整体鸟瞰图（拍摄于建成后 15 年）

（二）苏州传统宅院与现代办公建筑的共生——中衡设计集团研发中心

1. 苏州传统宅院布局的现代阐释

研发中心裙房的空间布局借鉴了宅与院的空间关系。东侧一落四进，西侧一落三进，五组不同主题的庭院给予使用者感知"四时之景"的机会；场地布局也积极利用建筑与城市道路间的"隙地"，结合采光井，巧妙地将城市消极空间转换为广场上的"小花园"（图 1-4-9）。同时，轻盈的玻璃和廊桥取代了厚重、封闭的院墙，"外化"的处理方式让传统宅院成了现代"城市园林"（图 1-4-10）。

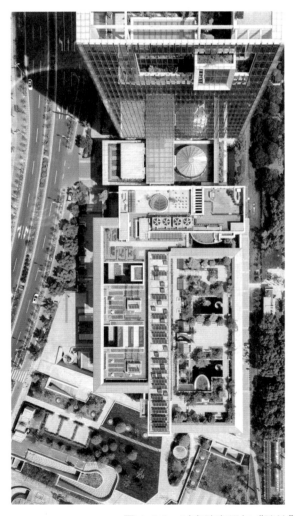
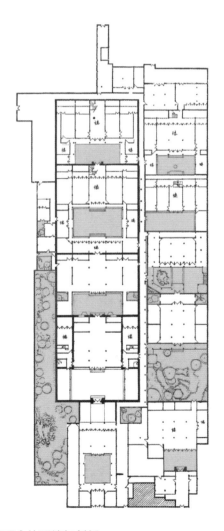

图 1-4-9　对宅院布局与"隙地"利用理念的延续与创新

图 1-4-10 外化的城市园林

2. 适宜性主被动技术的综合应用

除结合绿植布置成花园之外，裙房屋顶更作为探索屋顶农场和主动式技术的设备基地。据物业数据统计，研发中心能耗相较同类建筑节省 25%，每年可减少碳排放 696 t。

其一，将西侧留出的弹性空间布置为屋顶农场（图 1-4-11）——使用易于移动的方形模块栽培、种植各类浅根蔬果作物，结合水培技术，建立现代桑基鱼塘的自主循环生态系统；其二，在屋顶农场种植箱之间穿插设置导光筒，设备间屋面布置太阳能板，实现了风光互补发电，年发电量约 4307 kW·h，可减少碳排放 6.16 t；其三，中庭屋面还设有 264 m² 的太阳能集热板，生产的热水供员工食堂及健身房使用。此外，设置雨水收集池，雨水经处理后回用于景观水池补水、场地冲洗和绿化浇灌，每年可节约用水量占总用水量的 13%；新风机组配有中效过滤器，污染物浓度均低于国家标准限值的 70%（图 1-4-12）。

养鸡　施肥　种菜　雨水收集　桑基鱼塘　风电

图 1-4-11　屋顶农场

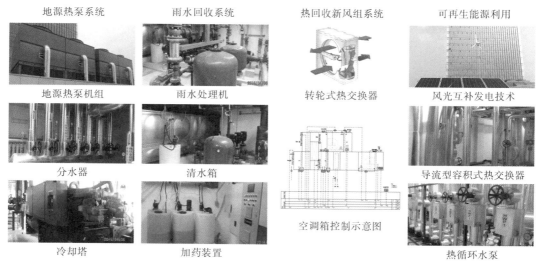

地源热泵系统　雨水回收系统　热回收新风组系统　可再生能源利用

地源热泵机组　雨水处理机　转轮式热交换器　风光互补发电技术

分水器　清水箱　导流型容积式热交换器

空调箱控制示意图

冷却塔　加药装置　热循环水泵

图 1-4-12　适宜性主被动技术的综合应用

四、理念：绿色健康设计策略的地域性建构尝试

显然，技术的趋同、设计的被动地位及地域特色的丧失将导致绿色健康建筑发展的不可持续。考察苏州地域建筑传统，被动式策略的综合应用以气候特征为基础。那么，在当代的绿色健康建筑设计中又如何系统性地传承地域文脉？以下基于项目实践，以建筑师的视角为出发点，从四方面分述对绿色健康设计策略体系的建构尝试，同时也是对苏州地区地域建筑环境营造方式的转译探索。

（一）基于地域气候环境的总体布局

在现代高密度的城市环境中，建筑的自然通风受到诸多限制，难以发挥作用。而适应气候的建筑布局是苏州地域建筑的传统，其中院落是分散主体建筑、消解大体量的有效手段。内廊式空间模式或进深较大的平层空间容易造成传统高层建筑室内自然通风性能的不足。对此，研发中心以宅院为基本单元拆分大体量办公建筑，将外部的自然风引入建筑内部，从而营造出舒适的室内风环境。夏季采用机械送风与自然通风相结合的运行模式，过渡季节则完全采用自然通风，有效降低了建筑的空调能耗。

（二）基于微气候调节的空间组织

有效的空间组织是建筑微气候环境调节的基石。

1. 由垂直庭院、室内绿化和屋顶花园组成的多层次园林系统（图 1-4-13）

在苏州园林的微气候环境营造中，花木、山水等造园要素是建筑微气候营造不可分割的组成部分；而在高密度的城市环境中进行设计构思时，通过保护并合理运用水体、绿植等自然环境资源打造绿色庭园，亦能够有效改善室内环境质量。此外，多层次的园林空间也打造出了生机勃勃的第五立面，甚至有助于减缓"城市热岛效应"，从而改善周围街区的整体环境。

图 1-4-13　多层次园林系统

2. 以中庭为中心的立体通风和采光系统

天井是苏州传统建筑功能组织和环境调控的核心，而在现代建筑中以突出屋面的竖高中庭为中心组织通风。中庭的高度与形状使之具备良好的拔风性能，并结合分布于四周的多层次庭院，形成立体通风系统。同时，中庭还提供了舒适的自然采光，将全玻璃幕墙与多种形式的天窗、侧窗、光导系统结合，能够最大限度地实现室内的自然采光。

（三）基于性能优化的围护结构

根据功能空间的性能要求进行围护结构的差异化设计。对于性能要求高的空间，如以人工气候为主的会议厅等，围护结构设计应以对内部环境的精确控制为目标；对于性能要求普通的空间，如以自然气候为主的公共空间等，围护结构设计应优先考虑对自然通风和自然采光的利用。以研发中心为例，幕墙侧窗的开启方式结合苏州的季风气候特征探索了差异化设计——塔楼巧妙地采用了自主研发的侧向通风玻璃幕墙系统；裙房则采用了"下悬窗 + 玻璃挡板"的形式，形成侧向送风，避免冷风直吹，既保证了办公区域的通风效果，又提高了室内环境的舒适性（图 1-4-14）。

图 1-4-14　中衡设计集团研发中心幕墙构造设计

（四）基于品质提升的适宜性技术

在借鉴苏州地域建筑的被动式设计经验的基础之上，综合使用新兴技术进行环境调控，能够进一步提升建筑环境的舒适性。在方案阶段，借助对气流、光照等的模拟分析，优化建筑设计，使布局和形体设计更趋合理；针对布局中的局部不足的问题，选择适宜的技术，加强自然通风和采光效果。在研发中心项目中，"塔楼在北，裙房在南"的总体布局，能够有效利用苏州地区的季风来调节场地微气候；庭院、采光天窗结合导光筒等设备，共同为建筑内部提供了舒适的自然采光（图 1-4-15）。

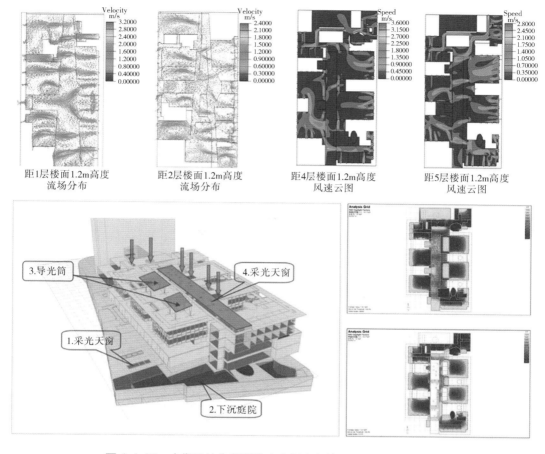

距1层楼面1.2m高度
流场分布

距2层楼面1.2m高度
流场分布

距4层楼面1.2m高度
风速云图

距5层楼面1.2m高度
风速云图

3.导光筒

4.采光天窗

1.采光天窗

2.下沉庭院

图 1-4-15　中衡设计集团研发中心裙房自然通风和自然采光模拟

在使用阶段，综合运用主动式节能技术，能够提高运营效率，降低建筑全生命周期中的使用成本（图 1-4-16）。例如：通过对太阳能光伏和风能发电、雨水收集回用系统等可再生资源的利用，降低能耗，减少碳排放；基于生物链管理的微生态系统，将屋顶花园与生态农场相结合，探索城市建筑的自给自足。

五、反思：延续地域性的绿色健康建筑实践路径

诚然，《绿色建筑评价标准》对实现绿色健康建筑的高质量发展具有积极的引导作用，但不能"照本宣科"地将设计变为"标准"对应技术的堆砌、指标的叠加。作为建筑师，应将绿色建筑性能与地域历史文脉相结合，以延续地域性的人文设计理念引导绿色健康建筑回归设计本身。

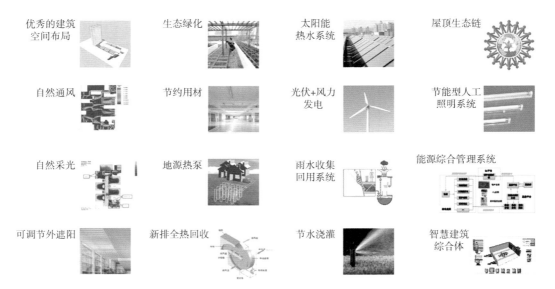

图 1-4-16　主被动技术的综合应用

1. 地域建筑文化的现代转译

地域文化的延续不是简单地用现代的空间、材料与技术来重现传统建筑，而应与时俱进地对地域文化进行现代化的创新。传统内向性院落的立体化、外向化转译，即是基于园林与现代城市关系的反思：一方面，城市昂贵的地价阻碍了园林空间的横向展开；另一方面，从私人住宅到公共建筑，建筑类型的转变需要不同的空间性质。

2. 被动优先，主动优化，品质为要

首先，优先采用适宜气候适应性的被动设计策略，因地制宜地利用环境资源，从源头出发，降低环境负荷；其次，根据优化需要，选择适宜的主动式节能技术。总之，延续地域传统并非简单地照抄传统的设计手法，而是要着重考虑建筑、人与自然的共生关系，从而超越建筑的功能性，提升建筑空间品质和环境价值。

在研发中心的实践中，苏州地域建筑文化的特征为绿色健康建筑的设计提供了具有中国特色的理念参考和路径示范。同时，适宜的绿色健康设计策略也为传统地域建筑注入了新的活力。

作者：冯正功　陈婷　李铮　郭丹丹
（中衡设计集团股份有限公司）

王清勤：我国健康建筑的发展现状和展望

随着人类社会经济和科技发展，建筑、社区、小镇乃至城区一系列建设环境的内涵不断丰富、功能不断拓展，所承载的期待和责任也不断增强。然而，由于近年来全球不断加剧的环境污染、气候变化和能源问题等，使得建设环境成了很多现代污染暴露和现代疾病的主要发生场所，带来了新的健康挑战。据世界卫生组织及全球疾病负担研究（Global Burden of Disease Study 2019，GBD）显示，每年有1260万人死于不健康的环境，占全球死亡总数的23%。营造健康的建设环境，是有效隔绝外界环境污染、保障人民群众健康的有力途径。

因此，中国建筑科学研究院、中国城市科学研究会等机构，针对中国健康建设环境的实际需求和技术瓶颈，建立和开发了适合中国国情和时代特点的标准体系，形成了可借鉴、可推广的规模化推进模式；已初步形成标准制定引领健康建筑发展、科学研究提供理论技术支撑、组织机构建立推动领域发展、标识评价带动项目落地实施、学术交流合作推动技术进步的良好局面；为推动我国城乡建设领域高质量发展，建设人民群众所需的好房子、好小区、好社区、好城区，贡献了重要力量。

一、发展背景

自2015年党的十八届五中全会首次提出"推进健康中国建设"以来，我国健康中国战略持续深化，大健康政策逐渐由"依靠卫生健康系统"向"社会整体联动"转变（表1-5-1）。2020年，习近平总书记在科学家座谈会上提出了"坚持面向世界科技前沿、面向经济主战场、面向国家重大需求、面向人民生命健康"的"四个面向"要求，特别是旗帜鲜明地提出"面向人民生命健康"，着重体现了人民至上、生命至上的理念，并在主持召开专家学者座谈会时强调"要推动将健康融入所有政策，把全生命周期健康管理理念贯穿城市规划、建设、管理全过程各环节"。同年，住房和城乡建设部等七部门发布了《关于印发绿色建筑创建行动方案的通知》（建标〔2020〕65号），将"提高建筑室内空气、水质、隔声等健康性能指标，提升建筑视觉和心理舒适性"列为重点创建目标，为健康建筑系列标准的研究和逐步构建指明了方向。

表 1-5-1　我国健康建筑相关政策

年份	事件	相关内容
2015	中国共产党第十八届中央委员会第五次全体会议	"推进健康中国建设"
2016	习近平总书记在全国卫生与健康大会上的讲话	"把人民健康放在优先发展的战略地位""将健康融入所有政策"
	《"健康中国 2030"规划纲要》	将"健康中国"上升到国家战略层面
	《"十三五"卫生与健康规划》（国发〔2016〕77 号）	普及健康生活方式、提升居民健康素养、有效控制健康危险因素的发展目标
2017	中国共产党第十九次全国代表大会	"实施健康中国战略"
	《关于促进建筑业持续健康发展的意见》（国办发〔2017〕19 号）	整合精简强制性标准，适度提高安全、质量、性能、健康、节能等强制性指标要求，逐步提高标准水平
2018	国家卫生健康委员会成立	树立大卫生、大健康理念，推动实施健康中国战略，把以治病为中心转变到以人民健康为中心
2019	健康中国行动推进委员会成立	统筹推进《健康中国行动（2019—2030 年）》组织实施、监测和考核相关工作
	发改委等二十余部门联合印发《促进健康产业高质量发展行动纲要（2019—2022 年）》	产业层面为健康中国战略贯彻落实提供支撑与保障
	《全民健康生活方式行动健康支持性环境建设指导方案（2019 年修订）》	强调"深入推进各地健康支持性环境建设与利用"
2020	中国共产党第十九届中央委员会第五次全体会议	"全面推进健康中国建设"
	习近平总书记在专家学者座谈会上发表的重要讲话	强调"要推动将健康融入所有政策，把全生命周期健康管理理念贯穿城市规划、建设、管理全过程各环节"
	住建部、发改委等多部门联合印发《绿色建筑创建行动方案》	将"提高建筑室内空气、水质、隔声等健康性能指标，提升建筑视觉和心理舒适性"作为重点内容之一
	《四川省绿色建筑创建行动实施方案》	"鼓励养老设施、中小学宿舍、幼儿园等建筑按健康建筑标准规划、设计、施工、运营和评价"
2021	工信部、卫健委等十部门联合印发《"十四五"医疗装备产业发展规划》	提出"以健康建筑为载体推进康养一体化发展"
	《济南市人民政府关于全面推进绿色建筑高质量发展的实施意见》	对高星级健康建筑予以信用加分、容积率奖励、市政费用减免等系列鼓励措施
	《天津市绿色建筑发展"十四五"规划》	加快健康建筑发展，着力提升住宅健康性能。培育健康建筑技术产业
	《雄安新区绿色建筑高质量发展的指导意见》	鼓励大力发展健康建筑
	《北京市绿色建筑创建行动实施方案（2020—2022 年）》	将"构建本市健康建筑技术标准体系框架，并编制健康建筑评价标准"列为重点任务之一

（续）

年份	事件	相关内容
2021	《北京城市副中心绿色建筑高质量发展的指导意见（试行）》	鼓励发展健康建筑。到 2030 年，建成一批绿色社区及健康建筑试点项目
	北京市《关于规范高品质商品住宅项目建设管理的通知》	将健康建筑列为拿地关键性基础条件
	上海市《"十四五"新城环境品质和新基建专项方案》	提出"积极推进健康街区、健康建筑建设，提升建筑健康性能，满足人民健康需求"
2022	住建部印发《"十四五"建筑节能与绿色建筑发展规划》	倡导提升绿色建筑发展质量，提高住宅健康性能
	科技部、住建部印发《"十四五"城镇化与城市发展科技创新专项规划》	通过健康社区与健康建筑等方面实现全链条技术产品创新并进行集成示范
	《深圳经济特区绿色建筑条例》	"进一步加强健康保障，营造健康环境，增强人民群众的获得感"
	《福田区住房和建设局关于进一步加强辖区建筑领域绿色低碳发展有关要求的通知》	鼓励各类工程项目参照《健康建筑评价标准》进行设计、建设、评价
2023	住房和城乡建设重点工作推进会	"要牢牢抓住安居这个基点，让老百姓住上更好的房子，再从好房子到好小区、好社区、好城区"

二、标准体系

首先，以人居环境为物理载体，将健康指标的实现路径分解为空间、设施、构造、设备、服务五大类指标，基于"以预防为主的长效健康机制"与"应急防疫"的需求，建立了涵盖规划、建筑、给水排水、暖通空调、电气、室内、室外七大专业的性能化、精细化的健康建筑设计集成技术。首次将声景、心理健康、全龄友好、主动健康基础设施、健康建筑产品、心理友好设计等集成于工程建设技术体系，创新性提出了室内空气质量表观指数（IAQI）、基于光对人体非视觉系统作用的生理等效照度等健康建筑评价新概念。

进而，以"人的全面健康"为出发点，首创了以"空气、水、舒适、健身、人文、服务"六大健康要素为核心，符合中国国情的健康建筑评价指标体系，实现了多学科融合，涵盖了生理、心理、社会全方位的健康需求。基于现场检测、抽样检查评估、效果预测分析、数值仿真验证、专项计算、专家论证咨询，提出了健康建筑和社区的多手段、多维度、多层次综合评价方法。基于扎根理论、层次分析模型 AHP、SERVQUAL 模型，从人的全面健康需求挖掘关键因素与核心范畴，设计构建指标耦合模式与技术菜单建立模式，基于行业产业现状、用户文化与生活习俗的深入研究，建立了充分适应国情的综合评价标准。

以综合评价标准为基础，以合理的标准数量覆盖最大范围为目标，基于中国工程建设管理程序及标准化改革要求，构建了健康建筑体系的建设维护方法，有序规划重点标准的编制。建立了具有中国特色的健康建筑和社区标准体系（表1-5-2），涵盖了建筑设计、运营、评价、检测、改造全过程及专项方法、部品、建筑、社区、小镇多维度，覆盖国际标准、国家标准、行业标准、地方标准、团体标准不同管理层级。构建了人性化、个性化的健康人居环境解决方案，成为规范和引领中国健康建筑发展的根本性标准。

表 1-5-2 健康建筑和社区标准体系

序号	标准名称	归口管理单位	进展
1	《健康建筑评价标准》	中国建筑学会	发布实施
2	《健康建筑设计标准》	中国建筑学会	发布实施
3	《健康建筑可持续运行评价技术规程》	中国城市科学研究会	发布实施
4	《健康建筑检测技术规程》	中国工程建设标准化协会	完成审查
5	《健康社区评价标准》	中国工程建设标准化协会 中国城市科学研究会	发布实施
6	《既有住区健康改造技术规程》	中国城市科学研究会	发布实施
7	《既有住区健康改造评价标准》	中国城市科学研究会	发布实施
8	《健康小镇评价标准》	中国工程建设标准化协会	发布实施
9	《健康建筑产品评价通则》	中国工程建设标准化协会	发布实施
10	《健康医院建筑评价标准》	中国工程建设标准化协会	发布实施
11	《健康养老建筑评价标准》	中国工程建设标准化协会	发布实施
12	《健康校园评价标准》	中国工程建设标准化协会	完成审查
13	《健康体育建筑评价标准》	中国工程建设标准化协会	正在编制
14	《健康酒店评价标准》	中国工程建设标准化协会	完成审查
15	《宁静住宅评价标准》	中国城市科学研究会	发布实施

三、行业推广

为响应国家"健康中国"战略部署、适应建筑行业市场发展需求、提升人民群众健康生活环境，2017年，中国建筑科学研究院会同清华大学建筑学院、中国疾病预防控制中心环境与健康相关产品安全所等共计22家单位共同发起成立了"健康建筑产业技术创新战略联盟"（以下简称"联盟"）。联盟跨越传统建筑行业，凝聚医疗卫生优势资源，推动跨学科、全方位的产业主体汇集，促进技术交流合作，助力科技服务创新，营造良好发展环境，引领中国健康建筑产业发展，并充分发挥纽带、载体和平台的作用，建立了多元化的健康建筑资源共享通道。

在联盟推动下，逐渐形成产业资源聚集、驱动健康建筑全链条服务的良好局面（图 1-5-1）。从产业协同方面来看，联盟凝聚跨学科、跨行业、跨领域资源，普及健康建筑理念、提供产学研合作平台促产业发展。从技术支撑方面来看，联盟单位中国建筑科学研究院有限公司、清华大学建筑学院等，开展健康性能相关的技术研发，引领标准体系建设，提供全过程技术服务，支撑项目落地；联盟单位中国城市科学研究会作为第三方评价机构，建

图 1-5-1 联盟的全链条服务

立标识评价体系及行业平台，开展技术应用研究，促成"以评促建"的推进模式。从标准化引导方面，依托联盟单位中国建筑科学研究院有限公司、中国城市科学研究会等，成立了中国工程建设标准化协会、中国城科会标准化委员会、国家技术标准创新基地等机构，设立"健康建筑"标准化方向，规划、建设、管理健康建筑相关标准工作，规范行业发展，实现对产业的标准化引导，形成了良好的成果转化机制。

四、工程应用

在推广实施与应用方面，以健康建筑联盟单位作为发力点，以标准体系为技术引领，从产品支持、技术咨询、工程建设、运管维护到项目评价与改进，形成了有效的健康建筑推广机制。截至 2023 年 11 月底，按照健康建筑系列标准设计、建设，获得或注册标识的项目建筑面积累计近 1.32 亿 m^2。其中，健康建筑 399 个，建筑面积 4262 万 m^2；健康社区 34 个，建筑面积 1224 万 m^2；既有住区健康改造项目 10 个，建筑面积 6875 万 m^2；健康小镇 3 个，建筑面积 793 万 m^2，占地面积 4187.9 万 m^2；健康建筑声学专项 4 个，建筑面积 65.6 万 m^2。项目覆盖了北京、上海、江苏、广东、天津、浙江、安徽、重庆、山东、河南、四川、江西、陕西、湖北、新疆、河北、甘肃、青海、福建、内蒙古、云南、吉林、黑龙江、辽宁、湖南、海南、香港共 27 个省 / 自治区 / 直辖市 / 特别行政区。

此外，联盟成员单位通过标准技术咨询与支持服务，引导房产、建材、家具、家用设备等企业制定标准化的健康性能指标体系、发布健康建筑产品，逐渐形成产业资

源聚集、驱动健康建筑全链条服务的良好局面。各大地产企业纷纷聚焦健康理念，据不完全统计，中国绿发、中海地产、中国金茂等地产企业出台健康主题产品；家具、饰面板、空气净化器、照明设备、涂料等方面的多个建材设备企业也积极以健康建筑理念为指导，从健康建筑的整体场景出发，引导装饰装修、设备设施等产品制造和集成方案供应企业研发满足全方位健康要求的材料、工艺、产品、设备，形成标准化的健康性能指标体系，提升制造能力，支撑健康环境建设。

五、国际合作

为促进我国健康建筑走向国际，以健康建筑联盟为代表的行业推动者积极开展与国际组织的对话和合作，与 Construction21 国际（Construction21 AISBL）、全球建筑联盟（GABC）、世界绿色建筑协会（WGBC）、国际建筑师协会（UIA）、主动式建筑联盟（AH）、国际工作环境评估中心 Leesman、德国 DGNB、法国 CSTB、英国 BRE 等国际组织就健康建筑理念推广、技术和实践共享及合作机制建设建立了紧密的合作关系，拓展了产业发展空间。在健康建筑联盟倡议下，在 Construction21 国际设立的全球"绿色解决方案奖"中增设了"健康建筑解决方案奖"。绿色解决方案奖系列奖项作为联合国气候大会的边会之一，具有广泛的国际影响力，为我国优秀健康建筑项目实践提供了一个国际化的交流、展示平台。我国健康建筑设计理念、项目建设水平获得国际认可。

未来，我国将继续推广健康建筑行业已建立的成功模式，加强与世界卫生组织（WHO）、联合国人居署等的合作，开展多领域国际合作研究，研究健康城市相关领域交叉学科建设；并在我国一带一路的大背景下，将我国健康建筑标准体系构建与实施经验以文化、产品、服务等多种形式向一带一路国家输出，为更多国家的更多人谋福祉。

六、回顾与展望

回顾过去，我国健康建筑行业已初步形成标准制定引领工程建设发展、科学研究提供理论技术支撑、组织机构建立推动领域发展、标识评价带动项目落地实施，学术交流合作推动技术进步的良好局面，技术水平及工程规模居于世界前列。立足当下，我们应当在现有工作基础上不断总结、继续深耕，在理论及应用方面进行更为全面的探索和创新，逐步完善规范和标准体系，形成涵盖研发生产、规划设计、施工安装、运行维护的全产业链条，推进研发成果的规模化应用。展望未来，在党和国家的领导下，健康建筑将实现更高质量的发展，在增强人民群众获得感、提高人民健康水平、贯彻落实健康战略建设等方面，发挥更加积极的作用。同时，将进一步加强国际合作，将我国健康建筑系列标准设计构建、应用实施的成功经验进行推广，为全球可持续发展贡献力量。

作者：王清勤[1]　孟冲[1]　盖轶静[2,3]　王果[2]

（1.中国建筑科学研究院有限公司；2.中国城市科学研究会；3.哈尔滨工业大学）

参考文献

［1］缪朴.传统的本质（上）——中国传统建筑的十三个特点［J］.建筑师，1989，（36）：56-67.

［2］陈从周.苏州旧住宅［M］.上海：上海三联书店，2003.

［3］张泉，俞娟，谢鸿权，等.苏州传统民居营造探原［M］.北京：中国建筑工业出版社，2017.

［4］刘敦桢.苏州古典园林［M］.北京：中国建筑工业出版社，2005.

［5］韩冬青，顾震弘，吴国栋.以空间形态为核心的公共建筑气候适应性设计方法研究［J］.建筑学报，2019（4）：78-84.

［6］Liu G, Xiao M, Zhang X, et al. A review of air filtration technologies for sustainable and healthy building ventilation［J］. Sustainable Cities & Society, 2017:S809938318X.

［7］赵建平，罗涛.建筑光学的发展回顾（1953—2018）与展望［J］.建筑科学，2018，34（09）：125-129.

［8］王清勤，孟冲，李国柱.健康建筑的发展需求与展望［J］.暖通空调，2017，47（07）：32-35.

［9］孟冲，盖轶静.健康建筑和健康社区的防疫属性分析［J］.建筑科学，2020，36（08）：169-173.

［10］盖轶静，孟冲，韩沐辰，等.我国健康建筑的评价实践与思考［J］.科学通报，2020，65（04）：239-245.

［11］WHO. An estimated 12.6 million deaths each year are attributable to unhealthy environments［EB/OL］. https://www.who.int/news/item/15-03-2016-an-estimated-12-6-million-deaths-each-year-are-attributable-to-unhealthy-environments.

［12］WHO. Prevent disease through a healthy environment［R］. 2007.

［13］Carmichael L, Prestwood E, Marsh R, et al. Healthy buildings for a healthy city: Is the public health evidence base informing current building policies?［J］. Science of The Total Environment, 2020,719:137-146.

［14］Ran L, Tan X, Xu Y, et al. The application of subjective and objective method in the evaluation of healthy cities: A case study in Central China［J］. Sustainable Cities and Society, 2020:102-581.

第二篇

报告解读篇

习近平总书记多次强调，"要推动将健康融入所有政策，把全生命周期健康管理理念贯穿城市规划、建设、管理全过程各环节"。将健康融入所有政策，将会带动全产业链升级，实现经济社会发展的可持续活力。以健康建筑为抓手，积极应对人口老龄化，注重心理健康、精神卫生，引导健康生活方式，提供健康服务，是产业链中的重要一环。

本篇对健康建筑发展的热点问题和相关报告进行了探讨和解读，包括世界绿色建筑协会《健康与福祉工作框架》解读、中国城市健康状况与建设进展——基于"清华城市健康指数"评价的研究成果、《2022 保利健康人居白皮书》解读、《2022 中国家庭适老化环境与未来趋势报告》解读共 4 篇。望读者能够通过本篇章内容，对健康建筑行业发展的现状和趋势有更多的认识和理解。

世界绿色建筑协会《健康与福祉工作框架》解读

建筑作为人们赖以生存的主要空间环境，学习、工作、休息等各类日常活动都在建筑中进行，人类的健康、福祉和生活质量都直接或间接地受到建筑环境因素的影响，因此不合理的建筑设计和构造可能会威胁人类健康。世界绿色建筑协会（World Green Building Council, WGBC）致力于推行可持续建筑，通过应对气候变化行动、促进健康与福祉、节约资源和循环三个战略领域改变建筑的设计和构造，并且与企业、社会组织和政府机构开展合作，推动《巴黎协定》和联合国可持续发展全球目标的实现，并在此基础上提出了《健康与福祉工作框架》（以下简称"框架"）。

框架反映了社会经济和环境因素综合影响下，与建筑物和基础设施相关的人的健康，代表了 WGBC 的新定位。全球建筑领域相关的设计者、使用者、建筑公司、政策制定者等利益相关者都可以使用框架扩大行业健康与福祉的范围，并用实践方案应对建筑健康领域的挑战。框架提出了与环境有关的健康因素，从个体的年龄、性别、体质和生活方式的差异，到社会和社区的生活和工作环境、住房保障和卫生设施条件，再到农业和粮食生产、教育质量、医疗保障服务等一般性社会经济、文化和环境条件，全方面、多层次反映绿色健康建筑必备条件。

一、促进可持续建筑环境的六项原则

WGBC 通过开展为期两年的全球商讨，重新界定了建筑环境行业中健康与福祉的范围，即整个建筑生命周期中所有人都应该得到生理和心理健康的保障。具体表现为：在设计阶段，应考虑采用舒适、健康的设计参数，选取具有近零碳排放和可循环利用的设备以保障居民实现更积极的生活方式；在生产阶段，应保障工人的福利和健康，使用无毒性和可循环利用的建筑材料，从运输到排放全过程减少对环境的破坏；在施工阶段，应防范场地建设对周边社区的影响，减少碳排放、降低噪声污染等；在使用阶段，应在健康和舒适的参数下维持净零碳运行，积极调动公众参与使用建筑，并提供相应服务支持健康的用户行为；在回收利用阶段，应注意相关循环规范，不影响社会资源公平性；在拆除阶段，应保障员工福利，注意降低对周边社区的影响，尽量在可循环范围内提出基于自然的解决方案。基于以上健康与福祉的范围，建筑环境部门将健康与福祉的理念拓宽到社会所有部门，WGBC 联合成员及相关合作伙伴共同分析建筑环境中健康与福祉的决定因素和驱动因素。最终将关键主题集合成六项原则，包括保护与提升健康水平、优先考虑建筑使用者的舒适、采取与自然环境和谐相处的建筑设计、促进积极的健康行为、通过建筑和社区创造积极的社会价值以及采取应对气候变化行动（图 2-1-1）。下文将对每个原则进行解释，并简要概述子原则，以描述与人类健康和福祉相关的建筑环境中各要素面临的机遇和挑战。

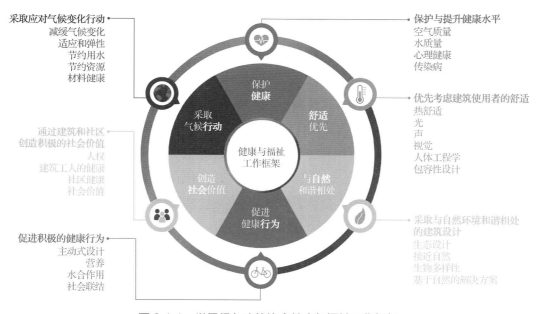

图 2-1-1　世界绿色建筑协会健康与福祉工作框架

（一）保护与提升健康水平

保护人体健康，要考虑空气品质、水质、洁净能力和结构设计等方面的影响，最小化健康风险。空气污染是目前人类健康面临的最大环境威胁，增加了患中风、心脏病、肺病、肺癌和呼吸道感染的风险，每年在世界范围内约 700 万人死于空气污染。室内空气污染的主要原因包括固体燃料燃烧产生有毒颗粒物、家庭烹饪产生大量的油烟和二氧化氮、建筑材料和居家用品使用产生的有机化合物、潮湿环境下霉菌和真菌释放的有害空气微生物以及室外被污染空气的渗透。水质对人体健康的影响同样很大，缺乏卫生净水设施会引发传染病，饮用受污染的水可能会造成健康风险，据估计，使用受污染的饮用水每年会造成近 50 万人死亡。此外，COVID-19 全球性疫情已使公众认识到传染病可能在建筑内传播的风险，通风和过滤手段可以有效抑制病毒传播，增加新风量和提高换气效率可以稀释室内病毒颗粒浓度，维持建筑内的清洁。此外，建筑内各种舒适因素、天然光、亲近自然和与自然互动同样有助于促进人在建筑中的心理健康，在建筑设计阶段就应投入全面的考量。

（二）优先考虑建筑使用者的舒适

建筑使用者的舒适包括热舒适、光环境和声环境的舒适，采取更广泛的舒适性指标和包容性设计也可提高使用者的舒适体验。热舒适性可以对人们情绪、工作表现和生产力产生影响，当今世界极端高温和低温气候事件的概率呈增加趋势，人们更易暴露在不舒适、不健康的环境中。与平均年相比，2015 年有 1.75 亿人暴露在热浪中，导致了热病、心血管疾病和其他慢性疾病的发生；持续暴露于寒冷的温度下也会增加患心血管、呼吸道和类风湿疾病的风险，同时对心理健康产生负面影响。天然光会调节人体的昼夜节律，影响睡眠质量，从而影响人体健康。在建筑物内，不充分的光照会造成眼睛疲劳并导致头痛，合理的设计应允许充足的天然光进入建筑，从而防止潮湿、霉菌和细菌生长，降低患哮喘和其他呼吸道疾病的风险。长期暴露在噪声环境中同样会导致用户患心血管、高血压、认知障碍和精神健康问题以及睡眠障碍等疾病，交通噪声也会对学生的学习效率产生负面影响。此外，建筑设计阶段还应考虑更广泛的舒适度指标，如嗅觉环境营造、人体工程学和视觉舒适度营造，也可以扩展到更丰富的影响因素，包括考虑室内设计和美学、颜色、特征、建筑布局、功能空间、视野舒适、自然和绿化的心理影响等；同时还应确保建筑环境的包容性设计，要求在建筑规划时尽可能多地考虑不同年龄、性别人群和身体障碍者出入和使用建筑的情景，包容性环境设计还应包括建筑周围的开放空间以及当地城市基础设施和服务。

（三）采取与自然环境和谐相处的建筑设计

与自然环境和谐相处的建筑设计是指确保用户在建筑内部接触自然环境，为用户提供亲近生物的机会，以及确保建筑使用者能够接触户外自然环境，在建筑周围环境中实现生物多样性。预计到 2050 年，全球城区居住人口的比例将增加到接近 70%，随着城市化进程的推进，人类与自然的距离越来越远。将自然融入室内环境的亲生物设计，可将人与建筑内外的自然联系起来，增加建筑内部及周围与自然的互动机会，满足了人们渴望成为自然世界一部分的先天心理需求，从而增强了人们的幸福感。亲生物设计还可以减轻压力，增强创造力和提高思维清晰度，改善我们的健康状况甚至可以促进情感的恢复；而城市绿地对人类的益处包括改善身体健康状况、改善精神健康状况、降低疾病发病率，以及增强社会凝聚力；生物多样性也有助于提升城市的宜居感。

（四）促进积极的健康行为

开展室内外活动是一种有益的生活方式。建筑环境可以影响人们的活动水平和生活方式，从而影响身体健康，缺乏活动易导致患有心血管疾病、糖尿病。据估计，全球每年因缺乏运动而过早死亡的人数超过了 500 万；也有研究表明，呈正相关性。有益的生活方式还包括摄取足够的营养、有清洁安全可持续的水源供应以及必要的社会交往。由于收入或地理位置等社会因素的差异，在食品和水源无法及时保障或供应较少的地区，人们更易患上心血管疾病和传染病；在社会关联较少的地区，人们会更易感到孤独，这可能使过早死亡的风险增加 26%，而强大的社会关系会降低人们患有焦虑和抑郁的概率，心理更加健康。

（五）通过建筑和社区创造积极的社会价值

《世界人权宣言》中与建筑生命周期有关的内容包含工人应享有的权利和自由，即降低强迫劳动的风险、安全的工作条件和公平的报酬、土地安全、两性平等、享有适足的生活水准和拥有体面住房的权利，以及对社区文化生活的参与和责任。建筑工人长期接触有害物质，其身体健康风险大大增加，可持续的建筑和建造业必须为建筑工人及相关群体创造良好的工作环境，确保其职业安全和人身健康。建筑周边的社区健康需求同样不可忽略，恰当的建筑运营策略会提高社区的商业水平，引起社区就业环境改善和社区设施发展的积极效应。

（六）采取应对气候变化的行动

世界卫生组织将气候变化称为"21 世纪最大的全球健康威胁"，据预测，2030 年至 2050 年间，气候变化将导致每年约 25 万人死亡。建筑和建造业占全球碳排放总量的 39%，到 21 世纪中叶，全球建筑业的规模预计将翻一番，因此解决建筑全生命周期内的碳排放问题迫在眉睫。而在投入使用的建筑内，供冷能耗及其造成的碳排放是一个日益严峻的问题，目前约有 10% 的全球变暖被认为是制冷过程中放热引起的，这个比例仍在迅速增长；且由于人口增长和城市化，大气中氢氟碳化合物的体积正以每年 8%~15% 的速度增长，导致进一步的气候变暖，其排放量也可能会进一步增加。目前，气候变化导致的极端气候事件频发，对不发达国家的冲击尤其大，在设计建筑及周边环境的过程中，应考虑到面对极端气候事件的恢复策略，提供长期发展的路径。气候变化同样会影响水资源、大气资源的利用，原材料提取、制造、施工、运营以及建筑的拆除、改造和重建过程中都会用到水；建筑使用过程中的输送、净化、处理、加热水资源也需要耗费大量能量。因此，浪费水也浪费了处理水消耗的能量。对城市而言，废弃物处理也是一个沉重的负担，管理不善的废弃物可能成为微生物和有毒物质的滋生地，污染空气、土壤和水源。如何面对气候变化和城市污染带来的资源短缺和污染问题，是建筑全生命周期过程中需要考虑应对的问题。

二、结语

该框架供建筑全生命周期过程中所有的参与者使用，例如，在设计阶段为政策制定者提供绿色建筑设计的相关信息，提出保护建筑环境中所有人健康的方案；在生产、施工阶段，确保项目团队遵守六项原则，推动市场规范概念，指导施工团队遵守建筑工人健康和供应的原则，减轻施工过程中材料和能源等对环境的影响；在使用阶段提醒使用者在建筑和周边社区范围内保护身体健康，采取更健康的行为和生活方式，并增强社会联系以提升心理健康水平。

WGBC 将不断扩大深化建筑环境中健康和福祉的范围，从气候变化的角度来看，需要实施环境优先的政策和项目，在整个建筑行业实现低碳设计和运营标准化；从社会经济角度看，应增强社会公平和社区参与感，促使人们养成健康生活方式、增进亲近自然的机会，并通过教育和宣传等手段促进健康理念成为行动。人类健康与福祉是高度个人化的，受到国家经济情况、地理位置、资源分布等影响，此框架提出的原则对于不同国家和区域的重要性不同，后续将设立一致的健康与福祉指标，综合考虑全球层面的健康建筑进展，如预测寿命和死亡率等。而通过 WGBC 及其会员在大约 70 个国家中开展针对性的调研工作，在追求建筑环境和建筑中的健康与福祉上，世界绿色建筑协会利用现有资源发挥了重要作用，并提供了有益的参考。

作者：曾璐瑶[1] 邓月超[1] 王娜[1] 王雨青[2]
（1.中国建筑科学研究院有限公司；2.重庆大学）

中国城市健康状况与建设进展
——基于"清华城市健康指数"评价的研究成果

一、建设健康城市已成为全球城市发展共识

伴随城镇化的迅猛发展以及人口的高度集聚，城市面临着气候变化风险、生物多样性丧失、环境污染、能源危机等前所未有的威胁与挑战，社会不平等状况、不健康生活方式、各项突发公共卫生事件进一步暴露出城市发展和治理中的一系列新问题。在此背景下，城市健康可持续发展成为全球共识。联合国可持续发展目标（Sustainable Development Goals）、联合国人居署提出的新城市议程（New Urban Agenda），以及世界卫生组织发起的城市健康倡议（Urban Health Initiative）都已明确将建设健康城市列为全球发展的关键任务之一。

当前，全球城市积极响应健康发展需求，不同参与主体、不同城市携手共进。世界卫生组织"欧洲健康城市网络"第七阶段（2019—2025）发展目标中提倡"促进地方政府通过全体政府和全社会途径在发展健康和福祉方面发挥重要作用"。政府、企业和居民积极联合，组成健康城市发展的关键推动者，已成为全球健康城市发展的重要理念。同时，涌现出多个促进健康城市互助合作的联盟与平台，致力于通过预防非传染性疾病来拯救生命，致力于健康和可持续发展的城市组成。其中，欧洲健康城市网络中参与的城市或城镇至今已经超过 1200 个，目前已在超过 20 个国家形成了国家层面的健康城市网络。城市间构建网络携手发展健康城市，已逐渐成为全球城市共识。

1994 年，我国开始引入健康城市的理念，原卫生部与 WHO 展开健康城市合作。北京和上海作为首批试点城市，标志着我国健康城市建设的开端。随后，我国健康城市的建设蓬勃发展，覆盖范围迅速扩大。2016 年，国务院颁布实施《"健康中国 2030"规划纲要》，强调"加强健康城市、健康村镇建设监测与评估，规划到 2030 年，建成一批健康城市、健康村镇建设的示范市和示范村镇"，明确了将推进健康城市的建设作

为健康中国建设的抓手，把健康融入所有政策，推动把全生命周期健康管理理念贯穿城市规划、建设、管理全过程各环节。2020 年，《国务院关于深入开展爱国卫生运动的意见》提出，修订完善健康城市建设评价指标体系，探索开展基于大数据的第三方评价，推动健康中国行动落地见效。2022 年末，中国常住人口城镇化率突破 65%，城镇化进入"下半场"，这对我国城市健康发展提出了更高的要求。提升城市健康水平，不仅是落实健康中国行动的关键抓手，也对推动城市高质量发展、促进共同富裕具有重要意义。

二、开展综合性城市健康状况评价迫在眉睫

无论是服务于对齐健康城市远景目标，还是脚踏实地不断改进城市健康状况，健康城市评价体系都已成为必不可少的政策设计与实施工具。健康城市评价体系关键的政策工具属性就在于面向健康城市建设的管理诉求，能够提供全面、系统、可信的证据与经验，并通过持续的记录和反馈形成闭环并实现转型和优化，为把全生命周期健康管理的理念贯穿和落实到城市规划、建设、管理全过程各环节中构建起决策依托。因此，健康城市评价体系在响应持续改善状况的现实迫切需求、推动新时期城市高质量发展等方面承担了不可或缺的关键职能。

经过多年的探索实践，各类健康城市评价体系逐渐成熟，"大卫生、大健康"理念已形成共识，初步建立起覆盖从健康影响因素、健康人群行为到健康结果状态各关键环节的指标工具。不同体系间差异主要存在于健康影响因素的界定范围、健康行为观察手段和所关注的健康结果类型等。如有的体系健康影响因素口径较宽，各类直接、间接相关的经济、社会、文化等因素均选取和测度；而有的体系则考虑相对狭窄，仅纳入直接相关的健康因素。在健康结果测度方面，公共卫生视角下的评价体系往往按疾病种类做细致划分和统计，但难以表达其在地理空间分布上的差异；城市视角下的健康结果指标则往往受限于学科知识的隔阂，仅考虑预期寿命等普查方式可获取的汇总性指标，同时也缺乏对城市整体发展水平的关联。因此，健康城市评价体系需要进一步突显健康城市问题研究的交叉学科属性。在数据和分析技术支撑下，不同视角指标体系可以相互融合、取长补短，结合多种体系优势建立更为综合、全面的健康城市评价体系。

然而，我国缺乏一套可覆盖全国城市的城市健康水平综合评价标准。着眼这一现实需求，清华大学中国新型城镇化研究院、清华大学万科公共卫生与健康学院联合发布"清华城市健康指数"，发挥交叉学科的研究优势，开展基于"大健康 + 大数据"的、

持续性的城市健康指数第三方评价工作。课题组已连续三年发布《清华城市健康指数》年度成果，实现对我国 296 个地级以上城市综合健康水平的全景评价，为改善城市健康状况提供了一套可度量、可比较、可落地的科学标尺，为"将健康融入万策"提供更全面的研究与智力支持。

三、"清华城市健康指数"评价体系

在指标体系设计方面，"清华城市健康指数"强调评价体系的科学性，遵从《"健康中国 2030"规划纲要》《健康中国行动（2019—2030 年）》等国家健康发展的顶层设计文件，围绕政府、企业和居民三大类城市健康体系的核心角色，设计了 6 大评价版块（一级指标），分别为健康服务、健康产业、健康设施、健康环境、健康效用、健康行为，下设 17 个评价领域（二级指标）和 39 项评价项目（三级指标），如图 2-2-1 所示。经多年数据检验，指标体系的整体信度和效度处于较高水平，可实现对城市健康状况的科学测量。

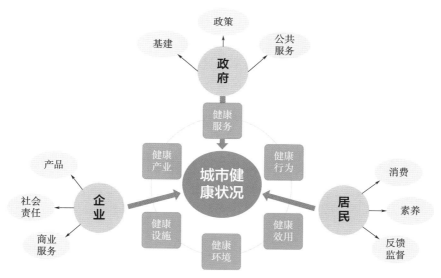

图 2-2-1　"清华城市健康指数"指标体系围绕政府、企业、居民进行设计

在数据来源方面，"清华城市健康指数"有效融合传统政府统计数据与多源社会大数据，并不断拓展数据来源，包括卫健、统计、城建、环保、交通等政府部门统计数据及遥感、产业、互联网搜索、地图数据等多源社会大数据。特别是，多源社会大数据占指数全部数据来源的 75%，数据规模庞大。以 2022 年指数评价为例：中国 60 余万家大健康相关企业信息数据、5000 万人以上用户的超过 10 亿条记录的运动行为监测

大数据、年交易总规模超过 300 万亿元的线上消费大数据、健康关键词年搜索量达 6 千万次以上的互联网搜索引擎大数据、超过 1000 万条的各类设施地图点位信息等，对传统政府统计数据形成极大的补充和丰富。

在评价基准方面，"清华城市健康指数"采用统一的方法对所有城市评价指标进行处理，实现跨年份、跨城市可比。城市健康指数分值越高，代表城市健康水平越好，体现城市健康水平没有最好只有更好的评价导向。依据城市健康指数分值结果，对评价城市进行分级。城市健康水平级别由高到低依次为：引领级城市、优质级城市、平均级城市、发展级城市和追赶级城市。

在结果解读方面，课题组以城区人口规模为关键阈值，将城市分为两组解读评价结果，合理反映城市发展所处阶段的差异性。其中，城区常住人口在 100 万以上命名为大城市组，2022 年指数评价包含 86 个样本城市；城区常住人口在 100 万以下命名为中小城市组，包含 210 个样本城市。

四、全国城市健康水平特征

（一）全国整体水平

清华城市健康指数（2022）结果显示，全国整体来看，近三年全国城市健康指数呈现稳步上升趋势（图 2-2-2）。首先，大城市健康指数整体优于中小城市，但中小城市指数增速较快，二者差距逐渐缩小。其次，从城市水平分级数量分布来看（图 2-2-3），头部城市占比提升，引领级、优质级城市数量持续增加；尾部追赶级和发展级城市逐渐减少。这表明，近三年全国城市健康水平建设取得一定成效，但仍需补足落后城市的短板，减少发展级、追赶级城市数量，并提升数量众多的平均级城市的城市健康水平。

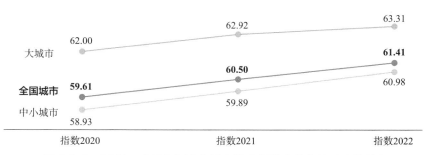

图 2-2-2　2020—2022 年清华城市健康指数变化趋势（中位数）

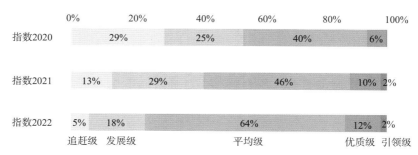

注：引领级城市（总分70分以上）；优质级城市(总分65~70分)；平均级城市(总分60~65分)；
　　发展级城市（总分58~60分）；追赶级城市(总分58分以下)

图 2-2-3　2020—2022 年清华城市健康指数各等级城市数量变化情况

1. 珠三角、长三角城市群城市健康水平优势显著

根据城市群指数总分平均值排序来看，珠江三角洲城市群、长江三角洲城市群位列全国 19 个城市群前两位，城市健康水平优势显著。大部分城市群分值在 60~65 分区间，处于平均级水平。宁夏沿黄城市群和兰西城市群处于发展级水平，城市健康水平相对落后。

2. 八成指标持续增长，户外运动水平明显下降

在所有指标方面，近八成的三级指数水平呈现增长，但 6 项指数水平出现下降（图 2-2-4）。其中，基本医保住院费用实际报销比、重污染天数防治等三级指数提升明显；户外运动时长和距离、人均体育运动设施数、社区健康设施完整性等指标略有下降。

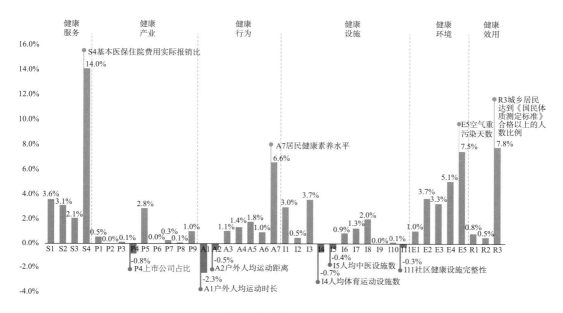

图 2-2-4　清华城市健康指数三级指数年均增长率

（二）大城市组健康水平特征

评价结果显示（表 2-2-1），超过三成的大城市为引领级和优质级城市，且无追赶级城市。其中引领级城市 5 个，占比 5.8%；优质级城市 21 个，占比 24.4%；平均级城市 55 个，占比 64.0%；发展级城市 5 个，占比 5.8%。从城市排名来看，城市健康水平领先城市多为东部或中心城市，北京、上海、杭州、南京、深圳位列大城市前五名。从地理分区来看，东部地区大城市平均分数第一，为 64.78 分；东北地区大城市的三年增速第一，达 2.63%。

表 2-2-1　2022 年"清华城市健康指数"评价结果—大城市组健康水平分值

地理分区	东北	东部	西部	中部
指数平均分	64.28	64.78	62.53	62.74
增速	2.63%	2.52%	1.44%	1.60%

其次，半数大城市健康服务、健康设施处于良好及以上水平。在健康服务方面，北京市和长三角、长江中游、珠三角地区城市健康服务水平较高，优势在经费保障。其中，长三角、珠三角地区城市优势在基本医保住院费用实际报销比；北京市、长江中游地区城市优势在人均政府卫生健康支出费用。但其他大城市组城市的经费保障水平相对较低，尤其是在人均政府卫生健康支出费用方面。在健康设施方面，东南沿海、东北地区大城市健康设施水平表现较好，西部地区健康设施水平表现一般，特别是支撑设施水平相对较差。

此外，大城市组健康环境、健康效用呈现显著的地域差异。大城市组健康环境指数呈现"南高北低"，健康效用指数呈现"东高西低"。在健康环境方面，形成地域差异的主因是空气质量，尤其是空气重污染天数，北方地区问题突出。在健康效用方面，存在地域差异的主因是居民体质达标水平。

（三）中小城市组健康水平特征

对于 210 个中小城市而言，过去一直缺乏全面系统的城市健康评价研究。清华城市健康指数填补了此项空白。2022 指数评价结果显示（表 2-2-2），仅 6% 的中小城市为优质级城市，无引领级城市。多数中小城市表现平均，三成相对落后。其中，平均级城市 133 个，占比 63.3%；发展级城市 47 个，占比 22.5%；追赶级城市 16 个，占比 7.6%。从城市排名来看，城市健康水平领先城市多为东部城市，湖州、衢州、威海、黄山、本溪位列中小城市前五名。从地理分区来看，东部地区中小城市平均分数第一，为 62.65 分，且增速第一，达 3.06%。

表 2-2-2　2022 年"清华城市健康指数"评价结果—中小城市组健康水平分值

地理分区	东北	东部	西部	中部
指数平均分	62.41	62.65	59.88	60.85
增速	2.75%	3.06%	2.54%	2.58%

其次，健康服务、健康设施处于良好及以上的中小城市约占 20%。中小城市健康服务水平、健康设施处于良好及以上的比例分别为 21.43% 和 17.62%。在健康服务方面，部分中小城市健康服务水平相对落后，多分布在华中和华南地区，短板在每千人医院床位数。在健康设施方面，东北地区大部分中小城市健康设施水平相对较好，西南地区部分中小城市相对落后，差异主因在社区健康设施建设。

此外，中小城市缺乏健康产业、健康行为水平表现优秀的头部城市。大部分中小城市健康产业、健康行为处于中等及以下水平。在健康产业方面，西部地区中小城市健康产业水平相对落后。在健康行为方面，表现较好的中小城市主要分布在长三角城市群，大部分中小城市运动习惯水平表现较差。

五、城市健康水平评价的未来趋势与展望

"清华城市健康指数"着眼于做好持续监测、科学评价的作用，扎实推进科研和实践，力图将其打造成为"健康中国"战略中重要的政策工具，挖掘指数多样化的应用场景。基于三年对中国健康城市的研究与实践经验，课题组提出未来中国城市健康评估工作的三点发展趋势。

（一）兼容多学科视角开展城市健康综合评价

从 WHO 及国内外研究实践来看，经过多年发展，各国关于健康城市理念及评价开始出现一定的模式规律。对于城市和地区类的评价，往往是主要健康因素 + 关键健康表征的组合，健康因素一般考虑软硬件投入、服务、环境、政策、个体行为等方面，而健康表征往往通过人群疾病、死亡、寿命等结果性指标来反映，形成"$N+1$"的主题模式。与此同时，对于健康系统本身的评价则更强调系统的"投入 – 产出"视角，包括 WHO 全球 100 项核心健康指标参考清单（Global Reference List of 100 Core Health Indicators）、澳大利亚卫生绩效框架（The Australian Health Performance Framework，AHPF）等指标体系均如此，在"$N+1$"主题模式之外，对指标进行重新组合，形成投入、

产出、影响等环节型指标，便于从实施步骤和前后关联的视角进行评估。

这些实践都表明，在数据和分析技术支撑下，城市健康评价指标越来越重视兼容多学科视角，来建立更为综合、全面的健康城市综合评价，从而更加客观地反映城市健康问题的综合性、复杂性与长期性。因此，下一阶段健康城市评价体系首要特征就是评价主题和内容的综合化，进一步突显健康城市问题研究的交叉学科属性。决策者等相关方可通过更加综合的评价体系，及时全面了解城市健康状况的关键因素和关联信息，尽早开展实践并探索可能的干预对策，实现"全民共建共享，融健康于万策"的政策目标。

（二）精细研判城市健康的发展优势，实现"一城一策"

国际上，随着各类大数据采集与融合技术的发展，中微观层次测度分析的可行性不断上升，评价指标可支撑的最小分析单元不断细化，可更加细致地把握健康城市建设进程的时空差异。如由罗伯特·伍德·约翰逊基金会、CDC 基金会和美国疾病控制与预防中心（CDC）主导的美国"500 城（500 cities）"项目及后续扩展到全美国的PLACES 体系，已开始在人口普查区级别、邮政编码区层次上开展慢病评价，其成果有助相关部门全面了解当地健康问题的地理分布，对公共健康政策的优化提供可靠支撑。此外，健康城市评价体系逐步开始强调人群分层，对不同类型人群输出差异化的评价报告。例如美国健康排名（America's Health Rankings, AHR）从 2010 年开始每年发布多份报告，其中年度报告反映人群总体健康评价结果（Annual Report），而老龄报告则重点关注 65 岁及以上老年人的结果（Senior Report）。从 2016 年开始 AHR 体系进一步针对妇女、儿童、军人等特殊群体发布评价报告，不断突破传统评价方法中预设的人群均一化桎梏，辅助制定更具针对性的特定人群健康改善对策。

我国幅员辽阔，地区差异明显，各城市在经济发展、城镇化水平、人口规模等方面存在差异，因此，更要推动对城市中微观层次、多类型人群的精细化研究，开展"一城一策""因城施策"的城市健康差异化发展模式（图2-2-5）。考虑不同城市在人口结构、经济水平、气候和地形条件等本底特征差异，基于"大数据 + 大健康"，制定贴合特定城市实际需求的城市健康评估指标体系，精细评估城市健康水平特征，厘清特定城市建设"健康城市"的天然优势、发展基础和短板，形成城市健康的全景画像。在此基础上，通过对医疗卫生、设施布局、人群健康、环境治理等方面的信息串联，提供整体性、长期性公共健康服务的城市级保障系统，量身定制城市健康水平改进提升与建设实施行动计划。

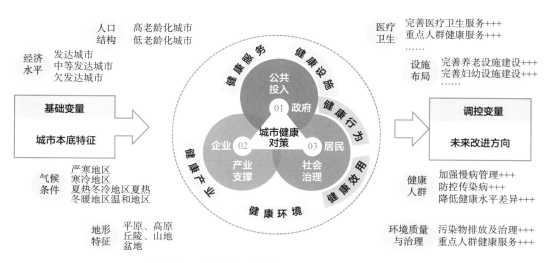

图 2-2-5　"一城一策"城市健康差异化发展模式

（三）放眼全球全面对标城市健康水平发展阶段

在世界卫生组织提出的健康城市战略框架下，六大区各自进行了健康城市建设的实践活动。欧洲区建立了覆盖欧洲的健康城市网络，根据不同阶段、不同情况确立建设重点，欧洲地区以五年为一期已推进到了第七阶段的健康城市网络建设，在前两阶段引入健康理念、制定健康政策，初见成果，随后不断确定健康老龄化、体育锻炼等健康发展主题。其他五大地区则通过健康城市联盟（AFHC: Alliance for Healthy Cities）的经验分享与交流等途径推动健康城市发展。

对比全球进展，当前我国健康城市研究与推进工作还处于起步阶段，需夯实数据的长期收集、评价和分析工作，对标阿姆斯特丹、哥本哈根、多伦多、悉尼、东京、伦敦等全球健康水平领先的城市，更好地把握国际典型健康城市发展趋势、实施路径和建设经验，秉承健康城市建设"没有最好只有更好"的理念，剖析国内城市健康发展差距和问题原因、找准各地城市发展潜力和发力要点，从而促进我国健康城市建设和管理实现高质量发展。

作者：李丰婧　李栋　黄莉
（清华大学）

《2022 保利健康人居白皮书》解读

一、工作背景

在疫情防控常态化的新时期，保利发展控股联合 Well 人居实验室，基于全国 7 大区域，7631 份客户样本调研和 70 个保利发展控股"Well 集和社区"后评估，重磅发布《2022 保利健康人居白皮书》。前瞻性地判断健康人居迈入了长期价值新时代，捕捉到客户需求发生的深层次变化，提出健康建筑强感知、健康生活重集成、健康社区促交互的全新产品主张。

二、发展现状：居民生活方式蜕变，重塑健康人居标尺

（一）客户认知觉醒，健康需求受主动意识牵引

1. 国民素养提升，追求更科学适配的生理健康

我国国民健康素养逐年稳步提升，尤其经历了疫情的反复考验，人们对于自身健康的理解更加透彻。调研数据显示（图 2-3-1），各年龄段人群均有 3 成以上受访客群认为，身体不健康是由于缺乏科学的运动指导。同时，50% 受访客群较 2020 年更注重饮食营养，并有超 5 成客群认为不健康的原因是缺乏饮食的科学指导。

从运动到睡眠，从饮食到护肤，新时代的人们更加崇尚科学，将量化数据、科学措施紧扣生活场景，从各个维度适配自身状态需求，守卫自己的健康。

2. 乐活思维上扬，重视更取悦自我的心理健康

疫情引发人们的负面情绪不断累积。白皮书调研数据显示，受"社会心理问题"困扰的人数在 2022 年的占比较 2020 年上涨 10 个百分比，同比上涨 87%，位居国民健康困扰第三位。在高强度的心理负担下，人们更加注重调节生活状态，为心灵解压。数据显示（图 2-3-2），44% 的人在生活中增加读书、看电影等活动，增加精神娱乐；

25% 的人更加注重劳逸结合；24% 的人提早就寝时间去改变睡眠质量。人们通过接纳取悦自己的天然需求，努力调节自己的情绪，关爱自己心理健康。契合人本主义的"懒宅""乐活"的生活方式，成为心灵得到释放的重要途径。

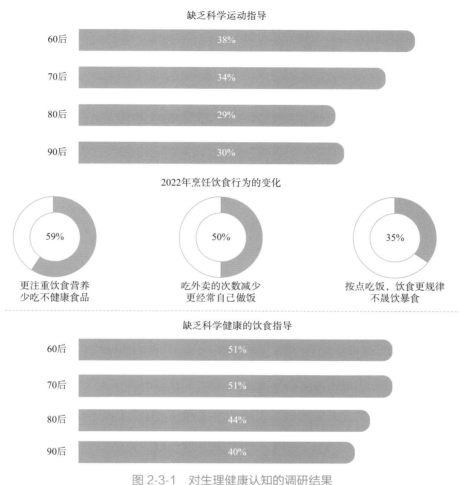

图 2-3-1　对生理健康认知的调研结果

图 2-3-2　对心理健康认知的调研结果

3. 社群意识增强，关注更触手可及的社交健康

疫情同时改变了人们与社会连接的主要途径。调研数据显示（图 2-3-3），从 2020 年疫情暴发到现在，近 7 成的人表示自己的生活和工作发生了变化。在社交活动方面，67% 的人表示自己线下社交减少，线上社交增多；在工作学习方面，55% 的人表示自己线上会议、电话会议增多，50% 的人表示自己居家办公 / 学习的频率大幅提升；在休闲娱乐方面，41% 和 44% 的人表示更经常宅家休息、进行更多阅读和看电影类的活动。

图 2-3-3　对社交健康认知的调研结果

在健康认知不断觉醒的新时代，更科学适配的生理健康、更取悦自我的心理健康、更咫尺为邻的社交健康成为人们评判健康的新标尺。

（二）人居空间关联加深，健康场景向人本体验升维

1. 安全到舒适，人居环境的标准提升

国民健康意识不断提升的同时，疫情的暴发和反复给人们敲响了警钟，建筑环境成为人们重点检视对象。更重要的是，随着疫情将人们居家时间延长，生理健康受建筑环境的影响被不断放大。调研数据显示（图 2-3-4），认为社区环境对健康"非常有

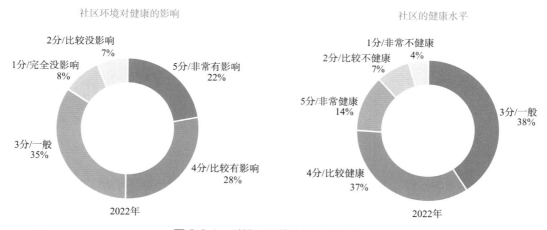

图 2-3-4　对社区环境认知的调研结果

"影响"和"比较有影响"的比例占到 5 成，其中"非常有影响"的占比较 2020 年同比增加 30%。在这一背景下，人们对于环境指标的需求不断延展：对卫浴空间温度舒适、干燥成为排名前三需求之一；13% 的被访客群认为水质应当进行软化；近 6 成被访客群提出餐厨空间需要有适宜的温度；超 5 成被访客群提出需要空气更加洁净。

2. 从实用到疗愈，生活场景的范畴拓宽

优质的生活场景与环境能够显著改善人们的心情。大量研究成果表明，亲自然的声音、视觉元素、气味、灯光的强度、色温、天然光、室外景色、噪声、温湿度、空气品质等环境因素，会对人体心理健康产生影响，包括压力、焦虑、情绪、行为和认知能力等方面。同时，人们也会主动寻求释放心灵的空间。数据显示（图 2-3-5），相较于 2020 年，人们更有意愿进行户外活动（68%）、阅读和观影（44%）和种菜养花（26%），渴望通过这些行为调节情绪，维护身心平衡。

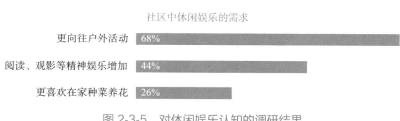

图 2-3-5　对休闲娱乐认知的调研结果

3. 从共处到陪伴，社区邻里的价值延展

人类本质上是群居动物，社会交往是人们汲取力量的方式，也是快乐的源泉。后疫情时代，当人的生活更多回归于社区，"远亲不如近邻"重新回归人们思想。相较于没有被居家隔离过的人群，有过居家隔离经历的人在疫情过后更愿意和亲友们相聚、更喜欢参加社交及亲子娱乐活动、更希望在运动中结交朋友，占比分别增长 13%、7% 和 6%。当与人交往的需求急剧增加，社区的交互功能成为人们的共同期望。

环境从安全到舒适，生活从寻常到享受，邻里从共处到交往，人居空间与健康的关联正在不断加深，走向以人为本的体验升级。

三、发展趋势

1. 环境指标需要强感知

在过去的疫情防控时期，居家生活让未注意或被忽视的环境问题暴露，住宅环境拥有更强防护力尤为重要。精准量化的技术措施，推动环境标准提升的同时，逐步扫

清健康防护的盲区，让人们获得更强烈的环境感知。

以往通风措施更多聚焦在户内，忽视了公共区域的重要性。而大堂、电梯等相对狭小、密闭的公共空间，由于人员流动频率高，容易成为传染性疾病发生的温床。在保利 Well 集和社区的大堂、地下室、电梯厅等公区，通过微正压新风系统，令室内压力较室外仅微微高出 0.01MPa，保证污浊空气不断被压出的同时，不会因压力过大造成室内缺氧（图 2-3-6）。在进一步的升级配置标准中，电梯空调设置 3 层滤网净化空气，其中包括光离子除菌措施，沉降 PM2.5 并杀灭空气中 90% 的细菌、病毒、霉菌和微生物，分解有害化学气体。对公区空气精准量化的调控措施，在保证环境健康的前提下有效加强了客户感知（图 2-3-7）。

图 2-3-6　石家庄保利天汇公区微正压新风

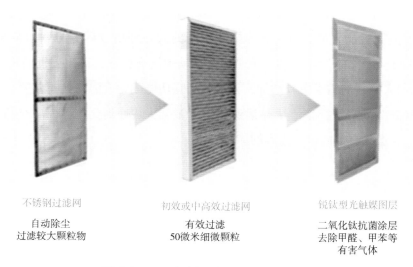

不锈钢过滤网　　　　　初效或中高效过滤网　　　　　锐钛型光触媒图层

自动除尘　　　　　　　有效过滤　　　　　　　　二氧化钛抗菌涂层
过滤较大颗粒物　　　　50微米细微颗粒　　　　　去除甲醛、甲苯等
　　　　　　　　　　　　　　　　　　　　　　有害气体

图 2-3-7　石家庄保利天汇新风三重过滤

实现了公区洁净，还需要把控住入户空间的洁污隔离，玄关成为各类黑科技的载体。美的在睿住智能系统中，将感应手部消毒喷雾融合在智能柜体内，并配置等离子发射器，对柜体内物品进行消毒杀菌；玄关通道设次净衣物消毒柜，可对外套进行消毒烘干；鞋柜设置"鞋柜精灵"，可对鞋具进行消毒护理。保利 Well 集和社区也设计了玄关洁污分离的动线，并在项目玄关升级设计了整合自动清洁手部的门龛，开门前顺手就可隔绝污染，保障室内的稳定洁净（图 2-3-8）。

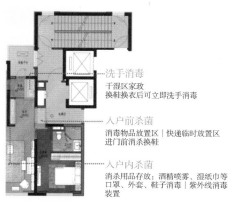

图 2-3-8　石家庄保利天汇玄关动线设计

2. 家居功能需要重集成

当下，人们心灵的释放需要将生活做减法。在户内，通过高度集成的空间和功能将家居活动简单化、便捷化，并把高频活动空间与更好的环境视野结合，是实现人们精神恢复的助力。

居家生活的有趣和丰富，能够给压力提供释放空间。因此，越来越多的娱乐活动、家庭亲子交流被加载到生活空间中。户内需要集成更多功能，空间需要更加灵活可变，适应多种活动和家庭的差异喜好。保利研发的改善户型中，将玄关与厨房联通，形成符合入户—置污—清洗的洄游动线，具备了迎客与囤物双功能。空间的打开加强了人与人之间的互动，扩大了全总收纳容量，解决了人们的储物难题（图 2-3-9）。

烹饪之外，另一主要家务活动是清洁，从洗衣机到洗衣干衣机套组、从拖把扫把到扫地机器人，清洁劳动在不断精细化和懒人化，洗衣家政模块需要容纳的内涵也更为丰富。保利在美好生活研究所研发整合洗衣、宠物清洁为一体的家政模块（图 2-3-10），将客厅空间与家政功能结合，设烘干护理机，与洗衣、熨衣、临时收纳动线组合，实现衣物清洁一步到位，节约 50% 家政时间，将休闲功能归还给阳台。未来，家政模块势必更加强大和智能。

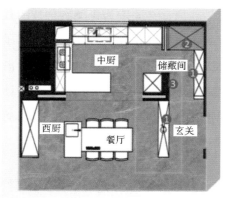

图 2-3-9　保利美好生活研究所改善户型研发

图 2-3-10　保利美好生活研究所家政模块研发

3. 社区邻里需要促交互

当经历过社交阻隔，人们领悟到回归社区的重要。作为城市最小的公共单元，社区应当满足邻里日常进行交互和联动，成为人们赖以信任的"家园"。

以往社区中缺少邻里活动的场所，不具备可停留的设施设备条件，社区客厅的出现为各类活动和社群聚集提供了场地。保利和趣景观模块设计超引力客厅，通过景观廊架提供会客、聚会、阅读、分享的场所，重点设置吧台功能、休憩空间和水电位，让人们能够真正停留下来，对空间产生依赖。并且社区客厅与亲子活动场地、运动设施、架空层一体布置，形成空间聚场，产生社群交互吸引力（图 2-3-11）。

图 2-3-11 保利和趣景观超引力客厅

面对人们迸发出的户外活动需求，中央草坪将成为承载邻里共享的重要场所。通过足够开阔的空间，能够拓展出多种户外玩法，如露营草坪、草地音乐会、潮玩市集，为人们带来更多社区幸福感。在保利提出的和趣景观体系中，在阳光充足、冬至日至少 2 小时日照的位置搭建中央草坪，用以承载社交化的户外活动，并在周边覆层绿化植物营造更强烈的户外感官体验，还可形成林荫遮蔽。配置 WiFi、垃圾桶、音乐，以及充电和储物设备，支持长时间的户外活动和舒适的户外体验（图 2-3-12）。

草坪日常 Lawn daily

业主自发活动
1.邻里交流 4.漫步时光
2.阅读时光 5.亲子活动
3.乐氧运动 6.宠物天地

物业组织活动
1.社区集市
2.艺术展览

垃圾箱　WIFI　背景音乐　植物遮荫　充电柱

图 2-3-12 保利和趣景观共享草坪

四、总结与展望

（一）部品底盘稳固，社区引领产品迭代正当时

从 2020 年到 2022 年，随着疫情影响和健康理念普及，消费习惯和消费理念持续转变，家电技术持续创新，引发市场强烈关注度的明星产品层出不穷，产品在健康维度的突破达到前所未有的高度。数据显示，2021 年与健康相关的生活家电数量达到12010 个，较 2017 年增长 90%。

随着健康研发的不断深入，健康科技不断涌现。松下研发推出的六恒系统可以直接取代除湿机、新风机、空调、加湿器、除菌消臭机、空气净化器 6 台设备，一键实现温度、湿度、新风、空气质量等环境的调控；老板电器推出的中央抽油烟机，用带有动力的集中排烟主机替代风帽，与户内末端智能联动形成负压，大大提高排烟效率。在生活节奏不断加速的今天，人们的需求也在不断扩展。不断创新的产品迭代，满足了人们快速增长的需求，也为多元生活场景创造了更多可能性。

部品部件作为住宅社区不可或缺且重要的组成，其与社区开发的整合始终处于"慢半拍"的节奏。比如在空调产品上，目前 TOP10 地产开发的精装楼盘中，空调系统大多配备以静音、恒温恒湿、除霾等功能为主的产品，而近几年所推出的 UVC 紫外线除菌、触媒型抗病毒滤网等新技术产品并未及时与住宅开发结合；再比如，扫地机器人日益受到人们的喜爱，但住宅开发设计中往往欠缺扫地机器人的空间整合，比如没有预留收纳扫地机器人的柜体空间、室内高差影响扫地机器人运作等。家电的集成化快速推进，而室内空间仍然按照以往的空间布局进行设计，这在很大程度上影响了人们的居住体验。

日益增长的部品创新，其背后是人们快速提升的生活需求。在未来发展道路上，房企应该转变以往的节奏，不再跟随部品更新进行产品调整，而应发挥主观能动性，以人居空间的设计作为引领，形成整合部品和部件的整体解决方案，打造正向、高效的行业迭代机制。

（二）上下游联动发力，产业融合更深入

随着"健康中国 2030"的持续推进，人居产业作为人民美好生活的重要载体，向健康升级成为大势所趋。从 WELL 进入中国市场，到中国健康建筑标准的研发推出，到健康项目的推广落地，这个过程是艰难的。健康项目的深耕实践中，在研发设计、成本控制、多元参与、协同机制等方面，上下游供应链、相关联材料部品的衔接还存

在产业壁垒。

当下，健康人居是一个多行业联合的产业，供应链和价值链的协同对于推动行业发展十分重要。如开发商和产品制造商联合，从部品、材料到空间共研共建，形成紧密结合的供应链，一体化打造健康人居。进而将设计与施工、零部件制造和现场装配进行集成，形成总承包机制，可以系统调节行业价值链条，控制产品的成本增量。基于这些产业协作，打破壁垒，把健康人居的客户需求、最初的概念形成和最终的产品联系起来，减少产业链条上各环间的摩擦，增强规模效应，才能让创新更加迅捷，以更好地应对快速发展和变化的健康人居新需求。

（三）多行业协同发力，共建大健康生态

作为与大健康关系最为密切的行业之一，房地产企业的项目实践已经潜移默化地将健康融入寻常百姓家。社区作为健康城市的基础细胞，在社区规划、功能配套等方面，不断为城市的健康提供支持。而卫生健康管理部门也在通过专项城市规划、政策标准制定，参与到房地产项目规划设计中来，房地产与大健康产业的双向融合在加速推进。

局限于住宅范畴的健康人居是过于狭隘的，融合养老、体育、医疗各行业的全维度健康生态，才是健康人居的终极形态，更是实现全社会大健康的重要基石。房地产行业作为包罗万象的空间载体，社区作为健康城市的基础单元，理应承担搭建健康生态圈的责任。而头部企业，更应当树立决心、恒心、信心，与行业同仁牵手，与专业机构联动，推动健康人居与各行业进行多维度整合，共同建设健康人居生态圈，为国民的健康添砖加瓦，共创美好未来。

作者：唐翔[1]　张艳华[1]　吴劲松[1]　李媛媛[1]　温馨[1]　雪娅[2]

（1.保利发展控股集团股份有限公司；2.得乐室（北京）建筑科技有限公司）

《2022 中国家庭适老化环境与未来趋势报告》解读

一、发展背景

随着我国老年人口的逐年增加以及居家养老的普及，改善家庭适老化环境日益迫切，"老有所安"是积极应对人口老龄化的重要发展方向之一。从行业发展角度看，当前适老化供给普及度较低、社会认知尚未形成、市场化程度低，成为制约行业发展的关键。从居住体验的角度看，在老龄化背景下，社区及家庭需要充分考虑到老人的身体状况和行动特点，并进行针对性的改造升级，从而提升老年群体的居住生活体验，支撑社区居家养老服务体系建设。具体到适老化改造方面，早在 2013 年 9 月，国务院《关于加快发展养老服务业的若干意见》（国发〔2013〕35 号）就明确提出"推动和扶持老年人家庭无障碍设施的改造，加快推进坡道、电梯等与老年人日常生活密切相关的公共设施改造。"可预见的是，在老龄化加速到来和相关政策的引导下，我国适老化改造市场必将迎来快速发展期。但不可否认的是，相较于发达国家，我国的适老化改造进程，无论是制度规范，还是公众接受度等方面，尚处于萌发发展阶段。

党的十九大报告提出："积极应对人口老龄化，构建养老、孝老、敬老政策体系和社会环境"。党的二十大报告再次提出："实施积极应对人口老龄化国家战略，发展养老事业和养老产业，优化孤寡老人服务，推动实现全体老年人享有基本养老服务。"从两次表述看，我国已经明确将积极应对老龄化提升到国家战略高度。《2022 中国家庭适老化环境与未来趋势报告》针对居家养老群体生活现状、适老化改造问题及需求、未来发展趋势等进行了系统梳理，以期待对行业企业及相关监管部门形成有价值的建议，共同推进积极应对人口老龄化国家战略，推动居家养老服务体系建设，为构建老年友好型居住环境贡献绵薄之力。

二、发展现状

（一）国家出台多项政策，支持家庭适老化领域发展

家庭适老化改造是实现居家养老的重要基础条件。国家"十四五"规划明确提出要建立完善的养老服务体系，强调支持家庭承担养老功能，构建居家社区机构相协调、医养康养相结合的养老服务体系。以家庭承担养老功能是老年家庭的现实选择，家庭适老化改造能够支持老年家庭进行居家养老。2020 年 7 月民政部、国家发展改革委等九部委联合发布的《关于加快实施老年人居家适老化改造工程的指导意见》中明确提出，"实施老年人居家适老化改造工程是《国务院办公厅关于推进养老服务发展的意见》（国办发〔2019〕5 号）部署的重要任务，是巩固家庭养老基础地位、促进养老服务消费提升、推动居家养老服务提质扩容的重要抓手，对构建居家社区机构相协调、医养康养相结合的养老服务体系具有重要意义。"因此，推进家庭适老化改造势在必行。

（二）区域积极试点，政府购买服务是主要方式

从区域市场发展角度来看，适老化改造在经济发达城市先行。现阶段仍以政府购买服务市场为主，各地政府通过组合政策将家庭适老化改造纳入居家养老服务体系的一部分。例如，北京的家庭适老化与城市更新政策相结合，广州的家庭适老化与家庭养老床位相结合。由经济发达地区进行产业带动，各地纷纷开始将家庭适老化列入针对困难低收入老年群体的政府购买服务内容之一。通过政府购买服务带动区域市场，扩大市场认知，满足市场需求。在此过程中，供给方组建完善产品和服务体系，进一步实现从托底低端市场向中高端市场延伸的拓展。

（三）企业初探市场：以"适老化装修""适老化用品""适老化服务"三种业态为主

尽管很多企业在家庭适老化方面做了大量探索，但是与养老产业发展比较成熟的国家相比，我国家庭适老化市场还处在初级阶段，供给较为分散，尚未形成区域龙头。从参与企业来看，除装修、家具、家电企业随人口老龄化趋势加快进行业务延伸布局以外，以家庭适老化为主营业务的企业相对较少，业务规模体量不大，市场需求仍待进一步深挖。图 2-4-1 所示为老年人医疗服务需求占比，从供给类型来看，目前适老化产品相对单一，需要在供给侧升级为适老化产品 + 服务的一体化解决方案，逐步提升产品服务。从发展趋势来看，家庭适老化将朝着智能家居、物联网、健康住宅领域延伸发展。未来，市场将呈现向家庭和个人买单的中高端市场进行发展和延伸的趋势。

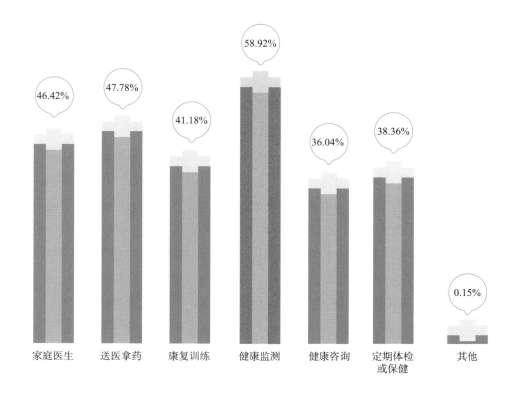

图 2-4-1　老年人医疗服务需求占比

三、现状挑战

（一）以政府购买为主，市场化程度不高

从采购方式来看，我国的家庭适老化改造目前仍以政府购买为主，居民家庭自费购买比例相对较低。按照市场发展规律，政府购买服务的份额与居民家庭自费的份额比例应当为 1∶9 或者 2∶8，但目前这一比例还处于"倒挂"阶段。调研发现，目前适老化改造市场化程度不高的主要原因在于老年人为提高生活品质的支付意愿和支付能力不强，而具备支付能力的子女普遍更关注后代教育问题，对老年人适老化改造必要性的认知程度不高。

（二）需求方和支付方错配，覆盖范围有待提升

从需求方角度看，适老化改造的目标受众是明确的。但问题在于中国老年人在居住用房，特别是提升生活品质方面的支付意愿普遍不高。从消费结构看，首先是老年人食品消费占比最高，其次是医疗保健支出，再次是人情往来方面支出，居住消费往

往低于前三种消费类型。另一方面，老年人的支付能力仍然偏低，2020年城乡老年人人均消费支出为16307元，而同期全国城乡人均消费支出21210元。即便如此，约63%的受访老人表示依然需要对子女进行补贴。因此，在没有政府补贴的前提下，老年人自费进行适老化改造的积极性和动力并不高。然而，有支付能力的子女对市场缺乏了解，从而导致了需求方和支付方的错配现象。

（三）市场供给较为单一，功能性和舒适性不足

从改造内容看，适老化改造主要包括硬件设施环境改造、康复辅助器具适配及智能安全监控设备安装等。但是，目前我国适老产品供给和服务不足，市场机制尚不健全。科技适老化产品数量和种类较少，尚未完全覆盖老年人的所有应用，产品供需对接不畅，专门服务老年人的适老化市场还未形成。

从消费端看，当前我国适老化产品同质化严重。我国新生代与原有老年消费者拥有截然不同的消费理念。面对快速的社会变迁和老年群体内部的多元消费观念，应当采取差异化的视角看待老年消费者，避免将老年消费者边缘化、同质化。

从供给端看，目前我国的适老化改造是由政府主导、社会组织运营，市场的参与度仍然偏低。政府提供的主要是以兜底或普惠保障为主的标准化产品，导致产品的功能性和舒适性方面存在不足。

（四）市场标准尚未形成，安全性难保证

目前，国内开展的既有住宅适老化改造项目并不全面。只有北京、上海等能级较高的城市和地区，通过政府出资或政府与社会组织合作出资的方式，针对经济困难、空巢的极少数老年人家庭进行适老化改造。导致尚未在政策层面上形成适老化改造的统一市场标准，继而在改造的评估与安全性方面存在困难。

四、未来展望

（一）市场空间巨大，支付端打通是关键

由于社会认知有限、支付端尚未完全打通等原因，现阶段家庭适老化市场尚未打开。从国际经验来看，日本家庭适老化改造费用被纳入长护险补贴范围，德国、荷兰等欧洲国家将福利保险覆盖至护理费用后，市场才形成爆发式发展。我国长期护理保险目前仍处于城市试点阶段，全国尚未铺开。随着长护险制度的铺开和补贴范围的扩

大，将为家庭适老化改造带来巨大市场空间。家庭适老化改造支付端未来将面向老年家庭，包括老年人支付和子女支付。未来家庭适老化改造的付费端需进一步扩大，除挖掘老年群体需求外，还要探索子女的"孝心经济"。瞄准子女不在身边，父母居家安全存在需求的家庭，在营销渠道、市场宣传、客群对象方面，从老年客群到其子女，覆盖整个老年家庭。另外，考虑到老年群体年龄结构化差异和由此带来的对家庭适老化改造的心理需求变化，采用渐进式、隐蔽式的改造原则，融入智能家居应用，在不改变房屋既有格局或满足子女家庭装修的前提下，融入适老化改造理念。图 2-4-2 所示为适老化改造支援对象分类。

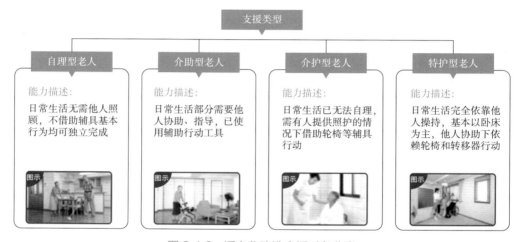

图 2-4-2　适老化改造支援对象分类

（二）政府培育市场，多方参与竞争

现阶段家庭适老化改造以政府购买服务为主，按照发达国家发展经验，我国未来的改造项目会逐渐面向市场，形成"市场化购买为主，政府服务为辅"的机制。政府作为市场的引导者和监督者，主要职责为履行社会保障职能，以较为经济的方式覆盖最广大的托底老年群体为目标。随着老龄化率加深，家庭购买意愿会逐步形成，我国将会迎来广大的 C 端市场客群，逐步形成"构建政府引导，市场主导"的产业体系。普惠保障市场由政府购买为主，中高端生活品质提升市场将由市场主导，形成梯次化、差异化的市场需求。图 2-4-3 所示为现有老年人所需要的居住空间安全设施，需求决定供给，多样化需求会催生多层次供给。未来市场形成后，会出现区域供给龙头，带动当地产业发展。在以政府购买为主的市场环境中，目前市场供给较为分散，尚未出现市场化运作的区域龙头。从各地产业实践来看，由于各地经济、风俗及地缘环境导致老年人生活习惯不尽相同，对于家庭适老化改造存在普遍需求的同时，必然会存在差异化需求。

您认为老年人室内居住空间应配置的安全设施主要有哪些？（多选,不超3项）（多选题）

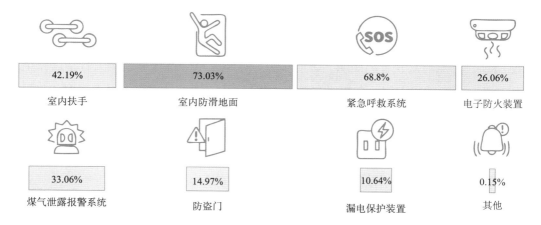

图 2-4-3　现有老年人所需要的居住空间安全设施

（三）科技化、物联网的应用是趋势

随着智能家居的普及，智能化技术将重新构建家庭适老化市场。图 2-4-4 所示为老年人老龄服务需求占比，可以看出居家安全、舒适安老是家庭适老化面对的核心诉求，除基础硬件环境改造外，智能健康居家设备能防范老年人居家风险的发生。以睡眠监测为例，通过智能化床垫 / 床带，对老年人睡眠中心肺功能进行监测，出现健康异常情况时告警，预警潜在睡眠风险，防范在睡眠过程中出现突发情况。但是，该类产品和服务目前难以纳入政府购买服务范围，大概率会成为未来市场化供给的一部分。物联

图 2-4-4　老年人老龄服务需求占比

网技术的应用是家庭适老化未来发展方向之一，通过智能识别、精准定位、远程操作、实时监控、在线管理等技术，为老年群体塑造健康安全、舒适便利的生活环境。生活安全方面，有智能安防，通过摄像头、感应设备等加强居家安全；生活便利方面，有智能门锁、智能药盒、智能照明、智能玄关、智能家电等，增加老年人日常居家生活的便利性；生活健康方面，有智能穿戴等，通过手环/手表的佩戴，对老年群体每天的健康情况、运动环境、睡眠质量等进行实时监控，有数据异常及时警示，防范突发疾病风险。

（四）标准规范市场，专业化服务是核心

家庭适老化涉及老年人群居家安全，未来可能会出现该领域的国家标准。现阶段而言，家庭适老化产品种类和型号较多，标准不同，导致老年群体难以在多种多样的产品中选择适合自己身体情况和居室特点的产品，形成产品购买中的困难。从国家层面推动，将进一步提升市场规范性，有利于形成适老化改造行业的统一标准，降低购买难度和门槛。"产品＋服务"是未来家庭适老化改造的商业模式之一。由于每个老年家庭的居住环境、居住习惯、身体情况不同，家庭适老化改造需要针对每个老年家庭不同情况进行产品的适配。仅提供产品，难以满足老年家庭的差异化需求，导致产品购置后安装、售后出现问题，因此需要搭建服务团队，从上门评估、产品选择、适老化改造设计、配装工程到售后服务，形成完善的服务流程，保证适老化产品的适用性。图 2-4-5 所示为某市适老化改造流程示意图。

图 2-4-5　某市适老化改造流程示意图

作者：闫金强[1]　汤子帅[1]　秦婧[2]　董鸿乐[2]　曹卓君[2]

（1. 贝壳研究院；2. 和君咨询康养事业部）

参考文献

［1］WGBC. Healthy & Wellbeing Framework［R］. 2020.

第三篇

标准解读篇

为实现健康建筑的精细化建设指引，我国在健康人居环境建设方面，以《健康建筑评价标准》为基础开展具有针对性的健康建筑技术标准编制工作，从区域、功能、阶段三个方向纵深发展，强化产品要素保障和技术服务支撑，逐步完善健康建筑相关标准体系。

目前，以健康建筑为代表的系列工作取得了阶段性的成果，健康建筑的标准体系工作不断完善，已初步形成完善的工程建设标准化技术支撑体系。继《健康建筑评价标准》（T/ASC 02—2016）于2017年发布后，《健康社区评价标准》《健康小镇评价标准》《健康医院建筑评价标准》《既有住区健康改造评价标准》等标准也陆续发布实施。本篇对我国健康建筑系列标准以及国外 Fitwel 标准体系的编制背景、技术内容、编制亮点与实施应用进行了详细介绍。

《健康建筑评价标准》（T/ASC 02—2021）解读

一、编制背景

2020 年习近平总书记在科学家座谈会上提出了"坚持面向世界科技前沿、面向经济主战场、面向国家重大需求、面向人民生命健康"的"四个面向"要求，特别是旗帜鲜明地提出"面向人民生命健康"，着重体现了人民至上、生命至上的理念。同年住房和城乡建设部等七部门发布了《关于印发绿色建筑创建行动方案的通知》（建标〔2020〕65 号），将"提高建筑室内空气、水质、隔声等健康性能指标，提升建筑视觉和心理舒适性"列为重点创建目标。通过现代建筑科学满足"抵御外界环境侵害、构筑保卫人体健康的空间屏障、引导实现主动健康"的现实需求，对捍卫人民健康、保障经济发展、维护社会和谐稳定、提升人民群众幸福感和获得感具有重要意义。

为了贯彻落实健康中国战略，提升人民群众健康水平，中国建筑科学研究院有限公司、中国城市科学研究会等 30 余科研院所、高等院校、工程与产品企业，联合编制了我国首部健康建筑标准——《健康建筑评价标准》（T/ASC 02—2016）（以下简称"《标准》2016 版"），创立了以"六大健康要素"为核心的指标体系，推广应用至今取得了较为显著的成就，也遇到了新的问题、机遇和挑战。一方面，随着新技术、新产品不断涌现，标准需要吸纳新技术理念并提升与卫生、心理等专业的跨界融合，使标准更指向人的健康；另一方面，新型冠状病毒感染疫情暴发后，标准的项目侧需求剧增，需要结合实践经验修订标准，强化健康建筑平疫结合属性，使之更好地指导项目建设、运管与评价。

因此，进一步吸纳心理治疗、食品工程、营养研究、卫生和医疗管理等机构组成了修订编制组，依据《关于发布〈2020 年中国建筑学会标准编制计划（第二批）〉的通知》（建会标〔2020〕4 号）的要求对《标准》2016 版进行修订。标准经过广泛征求公众与项目意见，由中国建筑学会审核批准，《健康建筑评价标准》（T/ASC 02—2021）（以下简称"《标准》2021 版"）于 2021 年 9 月 1 日发布，2021 年 11 月 1 日正式实施。

二、技术内容

（一）《标准》体系架构

《标准》2021 版沿用了《标准》2016 版首创的"空气、水、舒适、健身、人文、服务"六大健康要素作为一级指标，对二级指标进行重新调整架构，共设 17 个二级指标，每类指标均包括控制项和评分项，并统一设置加分项，《标准》体系架构如图 3-1-1 所示。

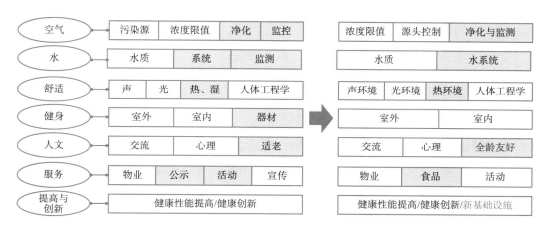

图 3-1-1 《标准》修订前后体系架构

（二）《标准》基本规定

《标准》以全装修的建筑群、单栋建筑或建筑内区域为评价对象。《标准》2021 版调整了健康建筑的等级划分，由 2016 版的一星级、二星级、三星级共 3 个等级，调整为铜级、银级、金级、铂金级 4 个等级。当建筑满足所有控制项要求，且总得分达到 40 分、50 分、60 分、80 分时，分别达到 4 个等级。

《标准》2021 版沿用了《标准》2016 版的阶段划分方式，分为设计评价和运行评价两个阶段。设计评价应在施工图设计完成之后、竣工之前进行，其评价重点为健康建筑采取的提升建筑性能的预期指标要求和"健康措施"。运行评价应在建筑通过竣工验收并投入使用一年后进行，该阶段评价不仅关注健康建筑的理念及技术实施情况，更关注实施后的运行管理制度及健康成效。

（三）《标准》指标体系

1."空气"主要内容包括——浓度限值、源头控制、净化与监测

浓度限值主要是对室内甲醛、苯系物、TVOC 等挥发性有机化合物与室内颗粒物 $PM_{2.5}$、PM_{10} 的浓度进行控制，保证其污染物浓度及颗粒物浓度低于标准要求。源头控制主要是对建筑气密性、室内建筑材料、装饰装修材料、家具物品有害物质散发、防止室内污染物串通等进行规定，从源头上来隔离、削弱污染物和颗粒物的产生。净化与监测是利用空气净化装置及空气质量监控与显示系统来有效提高室内空气清洁度，并为建筑使用者提供直观、综合的室内空气质量情况。

2."水"主要内容包括——水质、水系统

水质主要包括对生活饮用水、集中生活热水等各类水体的总硬度、菌落总数、浊度等参数进行控制，并鼓励设置直饮水系统及水质在线监测系统，保证用户饮水健康、用水健康。水系统主要采取给水排水系统防结露与防渗漏、管道标识、卫生间同层排水、厨卫排水分离、公共卫生间非接触式用水等不同环节的技术措施，优化系统构成、提高水质要求，最大限度地提升用水体验感。

3."舒适"主要内容包括——声环境、光环境、热环境、人体工程学

声环境主要包括室内外功能空间噪声级、噪声敏感房间隔声性能、建筑内外部声环境改善等，通过划分噪声敏感空间，利用声屏障、隔振、低噪声设备，提升围护结构隔声性能等技术措施降低室内噪声。光环境通过对天然采光、室内空间亮度分布、生理等效照度、照明光环境、照明产品参数等进行控制，营造高质量的室内光环境，使得学习、工作和生活环境明亮而柔和。热环境主要包括室内热舒适、自然通风等，利用热舒适指标、预计适应性热感觉指标对室内热环境进行评价，防止室内出现过热、过冷或吹风不适等现象，使室内的温湿度清爽宜人。人体工程学包括卫浴间空间布局、室内空间与家具舒适性等，通过对卫生间设施及附属家具尺寸的要求，保障使用阶段人体的舒适性，缓解不合理的布局带来的肌肉损伤、磕碰等健康影响。

4."健身"主要内容包括——室外、室内

室外包括室外健身场地、运动场地、儿童游乐场地、老年人活动场地、健身步道等，鼓励提供品类多样、全龄友好的健身活动场所，为使用者提供更多的运动机会，提高使用者健身的主动性和体验感。室内包括室内健身空间、功能与设施的合理设计、便利的公共服务设施、便于日常使用的楼梯等，提供给人们进行全天候健身活动的空间，鼓励积极健康的生活方式；并设置更衣室、淋浴间、直饮水、急救包等健身配套设施，实现提升使用者健康水平的目的。

5."人文"主要内容包括——交流、心理、全龄友好

交流主要包括交流场地空间、功能、配套设施的合理设计等，通过空间组合、类型搭配设置社交与共享交流空间，并提供直饮水、公共卫生间等设施，满足人们交流、沟通和活动的需求。心理主要包括绿化环境、心理减压空间等，通过对心理房间的布局设计、色彩优化，及心理健康培训等措施来消除或缓解焦虑、忧郁等负面心理。全龄友好主要包括无障碍电梯、人性化空间与设施、标识引导、老年人与儿童用房、便利的医疗服务与紧急救援设施等，通过对特殊人群的细心呵护，以及艺术环境的组合设计，满足特殊人群、适老适幼的需求，保障使用者的安全与便捷。

6."服务"主要内容包括——物业、食品、活动

物业主要包括质量与环境管理体系、公共环境卫生保障与安全控制、空调系统定期检查、清洗与维护、水质监测管理制度、建筑防疫设置等，通过制定并实施管理制度、环境监测与控制、应急救援、智慧服务等措施，确保建筑健康性能在建筑运行过程中保持稳定。食品主要通过规范食品标示、食品获取渠道、食品储存以及食品安全的把控，从加工和售卖的两个环节，兼顾食品的安全和营养。活动主要通过宣传健康生活理念、举办健康活动、提供免费体检服务等多种形式来普及健康知识，提高群众健康素养，减少因缺乏常识而造成的恐慌情绪，提高群众自我保护能力。

7."提高与创新"——建筑设计与管理高要求

在技术及产品选用、运行管理方式等方面提高建筑健康性能，鼓励在健康建筑的各个环节中采用更加有利于健康的技术、产品和运行管理方式，对建筑室内空气质量、社区农场、健康建筑产品、主动健康建筑基础设施、健康建筑智能化集成管理系统等符合健康理念的方面提出了新的要求。

三、编制亮点

《标准》修订从我国的基本国情出发，结合健康建筑特点，以"融合性、引领性、可感知性、可操作性"为原则，通过吸纳新技术新理念、提升跨界融合、提升健康显示度等措施提升《标准》的科学性、引领性、系统性与全面性，同时结合项目实践反馈提升《标准》的国情适应性与可操作性。《标准》亮点与创新点如下：

1.理念突破普通建筑建设观

《标准》的健康目标覆盖生理、心理和社会三大层面，转变传统以物化为导向的理念，以人民群众的"全面健康"为出发点，从规划、设计、施工、运管、改造全生命周期重构建筑建设，全方位保障人体健康。

2.以人的健康为目标导向，重构实施路径

以建筑物为载体，将健康指标的实现路径分解为五大类指标，包括空间（空间功能、空间尺寸、形状、位置、颜色、装饰等）、构造（围护结构的材质和厚度、门窗气密性和水密性等）、设施（健身设施、文娱设施、服务设施等）、设备（净水器、空气净化器、减振器、灯具等）、服务（设施设备维护、应急管理、活动组办、理念宣传、心理咨询、食品管控等），支撑健康目标的实现。

3.技术指标高度跨学科融合

《标准》突破专业领域局限，集成建筑、医学、心理学、暖通、卫生、管理等多学科技术，关注空气污染物、建筑材料、用水品质、体感舒适、全龄友好、食品、健身、精神等方面的健康因素，综合使用现场检测、实验室检测、抽样检查、效果预测、数值模拟、专项计算等方法，保障评价的科学性，全面支撑保障与促进人民群众全面健康的建设目标。

4.创建多层级健康解决方案

《标准》构建了"强制、优先、鼓励"的多层级健康解决方案，关注健康成效，而非限定单一技术路径。引导建筑结合所在地区的气候、环境、资源、经济和文化等特点，进行综合设计，对项目所处的风环境、光环境、热环境、声环境等加以组织和利用，扬长补短。制定工程建设、产品技术、投资与健康性能之间总体平衡、优先和鼓励自由组合的最适宜方案。

5.指标体系高度国情适应性

《标准》紧贴我国社会、环境、经济、行业发展的具体情况，针对性满足健康需求、解决健康问题，做到行之有效，特色鲜明；适应从国家到地方的行业政策导向，做到指标严格，行之有力；与我国现行国家、行业相关标准的制修订现状与趋势相协调，与产业链发展需求相适应，兼顾引领性与适用性。

《标准》得到了审查专家组的高度评价，认为《标准》构建的指标体系科学合理、适用性广泛、可操作性强，融合了多领域研究成果，具有创新性。《标准》的实施将对促进我国健康建筑发展、规范健康建筑评价起到引领作用，专家组一致认为《标准》总体达到国际领先水平。

四、实施应用

在推广实施与应用方面，以健康建筑联盟单位作为发力点，以标准体系为技术引领，从产品支持、技术咨询、工程建设、运管维护到项目评价与改进，形成了有效的

健康建筑推广机制。截至 2023 年 11 月，按照健康建筑系列标准设计、建设，获得标识的项目共 273 个，总建筑面积近 3082 万 m²。

五、结束语

回顾过去，我国健康建筑行业已初步形成标准制定引领工程建设发展、科学研究提供理论技术支撑、组织机构建立推动领域发展、标识评价带动项目落地实施、学术交流合作推动技术进步的良好局面，技术水平及工程规模居于世界前列。立足当下，我们应当在现有工作基础上不断总结、继续深耕，在理论及应用方面进行更为全面的探索和创新，逐步完善规范和标准体系，形成涵盖研发生产、规划设计、施工安装、运行维护的全产业链条，推进研发成果的规模化应用。展望未来，在党和国家的指引下，健康建筑必将实现更高质量的发展，在增强人民群众获得感、提高人民健康水平、贯彻落实健康战略建设等方面，发挥更加积极的作用。

作者：孟冲[1,2]　盖轶静[2,3]　王果[2]　王清勤[1]

（1. 中国建筑科学研究院有限公司；2. 中国城市科学研究会；3. 哈尔滨工业大学）

《健康社区评价标准》（T/CECS 650—2020，T/CSUS 01—2020）解读

一、编制背景

社区是一定地域内的人们所组成的多种社会关系的生活共同体，是人民群众生活工作的基本单元，在营造良好生活与心理环境、引导居民养成健康生活方式、强健人民体魄方面发挥着至关重要的作用。2015 年以来，我国颁布了多项以健康社区为抓手推进健康中国建设的政策指引，包括"广泛开展健康社区、健康村镇、健康单位、健康家庭等建设，提高社会参与度""加强和完善城乡社区治理的总体要求、目标任务和保障措施""提出健康社区覆盖率的指标""制定健康社区、健康单位（企业）、健康学校等健康细胞工程建设规范和评价指标""发展社区养老、托幼、用餐、保洁等多样化服务，加强配套设施和无障碍设施建设""构建居家社区机构相协调、医养康养相结合的养老服务体系""深入开展健康知识宣传普及，提升居民健康素养""推进食品营养标准体系建设，健全居民营养监测制度"和"倡导主动健康理念，普及运动促进健康知识"等，为健康社区建设提出了要求、指引了方向。

在此背景下，中国建筑科学研究院有限公司、中国城市科学研究会等单位根据中国工程建设标准化协会《关于印发〈2017 年第二批工程建设协会标准制订、修订计划〉的通知》（建标协字〔2017〕031 号）的要求启动了《健康社区评价标准》（以下简称"《标准》"）的编制。编制组基于广泛的调查研究，认真总结实践经验，在广泛征求意见的基础上，制定了本《标准》，经中国工程建设标准化协会与中国城市科学研究会审查，批准发布，标准号为 T/CECS 650—2020，T/CSUS 01—2020。

二、技术内容

《标准》秉承引领性、科学性、适用性、融合性四大原则，包含了建筑工程、心理学、营养学、人文与社会科学、体育学等多学科领域，打破了传统社区涵盖的专业

壁垒，以人的全面健康为目标导向，采用工业化、信息化、智慧化等技术手段，建立了涵盖健康社区全过程、全空间、全专业的菜单式评价指标体系。《标准》框架如图 3-2-1 所示。《标准》共包含 10 个章节，包括 1 总则、2 术语、3 基本规定、4 空气、5 水、6 舒适、7 健身、8 人文、9 服务、10 创新。

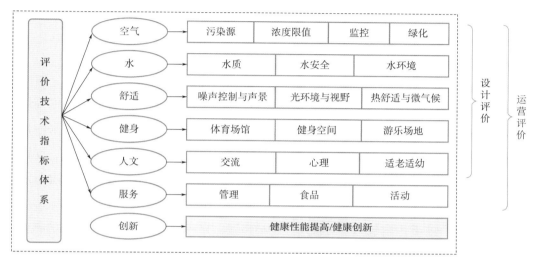

图 3-2-1　《标准》框架

（一）基本规定

《标准》沿用健康系列标准的"六大健康要素"——空气、水、舒适、健身、人文、服务，作为核心指标。各类指标均包含控制项和评分项并另设加分项，如图 3-2-1 所示评分项下设 19 个二级指标。当社区满足《标准》所有基本规定以及控制项的要求，评分项总得分分别达到 40 分、50 分、60 分、80 分时，健康社区等级分别为铜级、银级、金级、铂金级。健康社区的阶段划分见表 3-2-1。

表 3-2-1　健康社区的阶段划分

序号	阶段	要求
1	设计	①社区应具有修建性详细规划；②社区内获得方案批复的建筑面积不应低于 30%；③社区内应制订设计评价后不少于三年的实施方案
2	运营	①社区内主要道路、管线、绿地等基础设施应建成并投入使用；②社区内主要公共服务设施应建成并投入使用；③社区内竣工并投入使用的建筑面积比例不应低于 30%；④社区内应具备运管数据的监测系统

（二）指标体系

1. "空气"主要内容包括——污染源、浓度限值、监控、绿化

污染源主要从垃圾收集与转运、餐饮排放控制、控烟与禁售等方面进行严格规定，

从源头上采取措施控制污染物的产生。浓度限值主要对室外及公共服务设施室内的 $PM_{2.5}$、PM_{10} 浓度进行限值，以及室内甲醛、苯系物浓度的限值，并通过增强建筑围护结构气密性、通风系统及空气净化装置等手段来对室内污染物浓度进行控制。监控主要是对室外大气主要污染物及 AQI 指数监测与公示，方便建筑使用者直观、综合地了解室外及室内空气质量情况。绿化主要是通过设置绿化隔离带、提高绿化率、提升乔灌木比例等途径增强植物的污染物净化与隔离作用。

2. "水"主要内容包括——水质、水安全、水环境

水质主要包括对泳池水、直饮水、旱喷泉、饮用水等各类水体的总硬度、菌落总数、浊度等参数控制，并制定完整的水质监管制度，并通过网络平台或公告栏等途径公示抽检结果。水安全包括雨水防涝安全、景观水体水质安全及亲水安全、水体自净等，避免社区内水安全造成的健康影响。水环境包括排水系统进行雨污分流、设置雨污水排放在线监测系统及定期检测、设置具有滞蓄功能的雨水基础设施等，避免水质污染和排水不畅等导致水质恶化。

3. "舒适"主要内容包括——噪声控制与声景、光环境与视野、热舒适与微气候

噪声控制主要包括对室内外功能空间噪声级控制、噪声源排放控制、回响控制等，通过吸声、声屏障、隔声罩、消声装置、噪声警示标识等措施实现降噪；声景通过声掩蔽技术，结合空间环境、物理环境及景观因素对声环境进行全面的设计和规划等措施，实现听觉因素与视觉因素的平衡和协调。光环境与视野主要包括玻璃光热性能、光污染控制、生理等效照度设计、智能照明系统设计与管理、建筑之间视野设计等，保证良好的光品质及舒适的视野环境。热舒适与微气候主要包括热岛效应控制、景观微气候设计、通风廊道设计、极端天气应急预案等，保障社区居民正常室外活动的基本要求。

4. "健身"主要内容包括——体育场馆、健身空间、游乐场地

根据社区规模设置大、中、小型体育场馆，可便于开展体育比赛活动，增强群众参与体育运动的积极性，有利于促进健身运动。健身空间包括室内健身场地及设施、室外健身场地及设施、健身步道、绿色出行方式等，并根据社区规模设置健身场地面积、健身器材数量、健身配套设施等，鼓励利用底层架空层或屋顶空间设置健身场地。此外，按社区配比设计社区游乐场地，包括儿童游乐场地、老年人活动场地、全龄人群活动场地等，并考虑无障碍设计及儿童安全。

5. "人文"主要内容包括——交流、心理、适老适幼

合理设置足够的公共休闲交流场地，能够促进社区和谐、构建健康社区。交流主要包括全龄友好型交流场地设计，人性化公共服务设施，文体、商业及社区综合服务

体等，满足不同人群的交流空间。注重社区群众的心理发展，主要包括社区特色文化设计、人文景观设计、心理空间及相关机构设置等，从心理上改善居民生活环境、提升居民生活品质。适老适幼主要包括交通安全提醒设计、连续步行系统设计、标识引导、母婴空间设置、公共卫生间配比、便捷的洗手设施等，创造便利的生活设施。

6. "服务"主要内容包括——管理、食品、活动

管理包括质量与环境管理体系、宠物管理、卫生管理、应急预案管理、心理服务、志愿者服务等，确保社区健康性能在运行过程中保持稳定。食品主要是满足社区内群众的健康需求，通过便捷的食品供应、食品安全把控、膳食指南服务、酒精的限制等来把控社区居民的饮食安全，降低居民患疾病的风险。活动主要包括社区联谊、文艺表演、亲子活动的筹办等，增强群众凝聚力，改善邻里关系；并通过健康与应急知识宣传、信息公示等途径普及健康理念，宣传健康生活方式。

7. "创新"——社区设计与管理高要求

在技术及产品选用、运营管理方式等方面提高社区健康性能，鼓励在社区的各个环节中采用高标准或创新的健康技术、产品和运营管理方式，包括社区智能化服务系统、社区小型农场、社区健身指导系统、社区灵活功能空间等。并鼓励在健康社区中扩大健康建筑的比例，若申请健康社区的项目中健康建筑比例达到100%，将直接获得6分的加分。

（三）编制亮点

1. 高品质的社区环境

社区环境包括废气环境、生态环境、舒适环境及卫生环境等。废气环境是通过对产生污染物的设备进行选址规划、专项清运管理、排放净化等措施对废气进行控制治理。生态环境是通过雨水滞留的雨水基础设施、绿化措施来改善内涝及热岛效应。舒适环境是对社区微气候环境、光环境及声环境进行控制和营造。卫生环境针对社区卫生治理，如文明养宠、储水设备、空调设备清洗等。

2. 全龄友好的公共设施

公共服务包括健身场地、交流场地、文化活动场地，儿童、老人、残疾人托管服务机构，以及社区活动及无障碍设施等。健康社区鼓励设置大/中/小型体育场馆/场地/俱乐部、健身广场（舞蹈、武术等）、室内外健身空间/场地健身步道、自行车道、儿童与老年人活动场地、康复体育运动场所、交流活动场地及相关设施，以及综合性、多功能、公益性文体活动中心等，并考虑社区无障碍设施连贯，活动场地无高差、人行横道设置盲人过街语音信号灯、设置连续独立步行系统等。

3. 人性化、智慧化服务

运营管理包括智慧监测、信息服务、公共宣传、食品管理及心理安全等。健康社区鼓励设置智慧监测系统，主要对室内外空气、饮用水水质、灾害预警、烟雾报警等环境参数进行实时监测，并通过智慧互联网平台、健康信息服务网络平台、社区公共宣传展示窗口等途径进行公示，可引导社区群众对突发情况做好相应的防护措施，并鼓励设置远程遥控系统及无障碍智慧服务。食品管理鼓励打造"一刻钟"食品便民服务商圈，给群众提供充足的粮食、水果、蔬菜等，并提供膳食指南服务。心理安全鼓励通过设置静思、宣泄或心理咨询室等心理调整房间，来缓解社区居民的心理问题。

三、实施应用

《标准》的制定与实施将在提高社区居民健康水平，推进健康中国建设，提升社区健康性能，拉动健康、养老服务消费，拓宽行业边界、促进行业就业等方面发挥积极作用。

四、结束语

《标准》围绕现代健康观强调多维健康的理念，以可靠的数据测量、可实施的评价手段，提升社区健康基础，营造更适宜的健康环境，提供更完善的健康服务，保障和促进人们生理、心理和社会全方位的健康。《标准》作为我国首部以健康社区为主题的标准，填补了在相关领域的空白。在未来社区发展中，《标准》将持续在助力健康城市建设、贯彻落实健康中国战略、捍卫人民健康、保障经济发展、维护社会和谐稳定方面发挥重要作用。

作者：孟冲[1,2]　盖轶静[2,3]　王果[2]　赵乃妮[1]　王清勤[1]
（1.中国建筑科学研究院有限公司；2.中国城市科学研究会；3.哈尔滨工业大学）

《健康小镇评价标准》（T/CECS 710—2020）解读

一、编制背景

现阶段，我国正处于全面建设小康社会的关键时期。党的十八届五中全会提出推进健康中国建设，习近平总书记指出：没有全民健康，就没有全面小康。建成环境作为人们生活、工作和社会交往的重要载体，很大程度上决定了人们的生活方式，其健康性能能够直接影响人们的健康水平。2016 年 7 月，全国爱卫会印发的《关于开展健康城市健康村镇建设的指导意见》（全爱卫发〔2016〕5 号）提出，建设健康城市和健康村镇，是推进以人为核心的新型城镇化的重要目标，是推进健康中国建设、全面建成小康社会的重要内容。随后，2016 年 10 月 25 日，中共中央、国务院印发了《"健康中国 2030"规划纲要》，提出以"普及健康生活、优化健康服务、完善健康保障、建设健康环境、发展健康产业"为重点，推进健康中国建设。2019 年 10 月 31 日，党的十九届四中全会审议通过了《中共中央关于坚持和完善中国特色社会主义制度、推进国家治理体系和治理能力现代化若干重大问题的决定》，要求：强化提高人民健康水平的制度保障，坚持关注生命全周期、健康全过程，完善国民健康政策，让广大人民群众享有公平可及、系统连续的健康服务，坚持预防为主、防治结合。2020 年 6 月 2 日，习近平总书记在专家学者座谈会上指出：把全生命周期健康管理理念贯穿城市规划、建设、管理全过程各环节。

为了落实以人为核心的新型城镇化思想，贯彻健康中国战略部署，推进健康中国建设，满足人民日益增长的美好生活需要，提高人民健康水平，规范健康小镇评价，根据中国工程建设标准化协会《关于印发〈2018 年第一批协会标准制订、修订计划〉的通知》（建标协字〔2018〕015 号）的要求，由中国建筑科学研究院有限公司和中国城市科学研究会会同有关单位开展《健康小镇评价标准》（以下简称《标准》）的编制工作。经中国工程建设标准化协会绿色建筑与生态城区分会组织审查，批准《标准》发布，编号为 T/CECS 710—2020。

二、技术内容

如图 3-3-1 所示,《标准》共包括 10 章。前 3 章分别是总则、术语和基本规定;第 4~9 章为空气、水、舒适、健身、人文、服务章节,即小镇健康性能评价的六大健康要素,以此全面提升小镇的健康性能,为人们创造绿色健康、宜居的工作和生活环境,促进小镇居民的身心健康。第 10 章是提高与创新,主要考虑涉及小镇规划、建设和运行过程中采用性能更优或创新性的技术、设备、系统和管理措施,进一步提升小镇的健康性能。

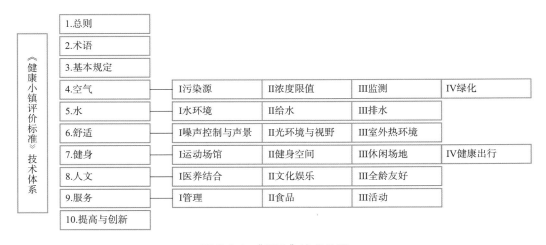

图 3-3-1 《标准》技术体系

三、评价方法和等级划分

(一)参评条件

根据参评阶段,健康小镇的评价分为设计评价和运营评价。设计评价的重点为健康小镇采取的提升健康性能的预期指标要求和"健康措施",评价的是小镇规划设计及健康理念;运营评价更关注健康小镇的运行效果,评价的是已建成投入使用的小镇的健康性能。

1. 设计评价

小镇参与设计阶段健康性能评价应具备 3 个条件,即:编制详细规划并通过相关部门审批,30% 及以上的建筑面积完成施工图设计,制定 3 年及以上的实施方案。为了保证评价工作的有序开展,健康小镇应按相关规划要求,编制修建性详细规划,并通过城乡规划主管部门批准。同时,小镇内完成的施工图设计的建筑面积应超过 30%,

起步区道路、管线、场站点等市政基础设施建成并投入使用。另外，为了保证健康设计理念长期稳定的发展和落实，有必要制定未来的实施方案。

2. 运营评价

小镇参与运营阶段健康性能评价应具备 3 个条件，即：公共服务设施应建成并投入使用，30% 及以上面积的建筑竣工并投入使用，具备运管数据的监测系统。由于小镇建设周期较长，如何把握运营评价的时间起点，在国内外均处于探索阶段。本标准规定主要基础设施和公共服务设施（商店、办公楼等）建成并投入使用，期望小镇初具规模后能营造出正常的生活、工作环境。为了增加可操作性，比照批准的相关规划，小镇内竣工并投入使用的建筑面积比例不低于 30%，并具备涵盖小镇主要实施运管数据的监测或评估系统。

（二）评价方法

当小镇项目参与本《标准》评价时，应分别对相关指标的控制项和评分项，以及提高与创新进行评价。控制项的评价是达标或不达标，6 大类指标评分项和提高与创新的评价是根据条文达标程度确定分值。

如图 3-3-2 所示，当参评小镇项目满足所有控制项的要求（设计评价时不包含服务部分内容），6 大类指标的评分项和提高与创新总得分达到 40 分、50 分、60 分、80 分时，健康小镇的等级分别为铜级、银级、金级、铂金级。

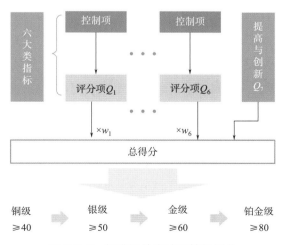

图 3-3-2　标准评价方法和等级划分

考虑到 6 大类指标对小镇健康性能的贡献不同，编制组对健康小镇相关领域内的专家进行了问卷调查，并采用层次分析法 AHP 对其进行了赋权。通过计算，《标准》6 大类指标见表 3-3-1。

表 3-3-1　健康小镇评价指标的权重

评价类别	评价指标					
	空气 w_1	水 w_2	舒适 w_3	健身 w_4	人文 w_5	服务 w_6
设计评价	0.22	0.22	0.21	0.18	0.17	—
运营评价	0.19	0.19	0.18	0.15	0.14	0.15

注：表中"—"表示服务指标不参与设计评价。

四、编制亮点

1. 生产、生活、生态空间布局

健康小镇覆盖区域较大，《标准》要求综合考虑小镇的生产、生活、生态空间规划布局，主要涉及第 4.2.1 条、第 4.2.2 条、第 6.2.1 条、第 6.2.4 条、第 6.2.8 条、第 7.2.3 条等条文。第 4.2.1 条鼓励工业企业、污水处理厂等选址避开当地主导风向的上风向，合理控制小镇内施工、裸露地表等扬尘产生源，减少或避免生产或施工产生的废气、热湿空气、臭味、颗粒物（PM_{10}、$PM_{2.5}$）等进入小镇生活区。第 4.2.2 条要求垃圾处理站设置于小镇主导风向下风向位置，同样是避免污染气体、臭味进入小镇居住区。第 6.2.1 条要求工业区、集中商业区与居住区、文教区分开布置，降低工业区、集中商业区对居住区、文教区的噪声干扰。第 6.2.4 条鼓励小镇居住建筑与周边建筑直接距离为 18m 及以上，为小镇居民提供良好的户外视野。第 6.2.8 条要求小镇在规划建设时结合当地地理位置、气候、地形、环境等基础条件，利用农田、山体、河流、湿地、绿地、街道等形成连续的开敞空间和通风廊道，同时控制场地内风环境。第 7.2.3 条对小镇室外健身空间布局提出要求，以便于小镇居民的便捷使用。

2. 公共卫生安全

公共卫生安全是小镇健康性能的重要体现，《标准》对小镇公共卫生间、疫情监测及预警发布、场地灵活功能空间等方面提出了针对性的处置措施，主要涉及第 5.2.5 条、第 5.2.7 条、第 5.2.11 条、第 9.2.3 条、第 9.2.7 条、第 10.2.7 条等条文。第 5.2.5 条规定小镇集中式供水普及率不低于 90%，以便于水源的卫生防护、水质净化和消毒、最大限度避免供水二次污染等；与此同时，第 9.2.3 条对集中供水水质监管和公共饮用水储水设施清洗消毒提出了具体要求。第 5.2.7 条提出直接与人体接触的景观用水水质符合相关标准卫生要求，且喷泉未检测出嗜肺军团菌。第 5.2.11 条提出公共厕所全部采用水厕，有效改善公共卫生环境、抑制疾病传播，提高公众健康安全保障。第 9.2.7 条鼓励制定预防传染病发生、传播、蔓延的措施和应急预案，并在流行病暴发时期进行疫情监测及预警发布。第 10.2.7 条属于提高与创新，对小镇场地功能空间灵活设置提出了较高要求，即：合理规划场地空间，一旦发生公共卫生事件，日常使用的空间可转化为应急空间用于人员紧急、短期隔离，并具备应急医疗储备与安全处理设施。

3. 医养结合

《标准》鼓励在规划建设过程中贯彻落实医养结合的理念，以更好地满足小镇居民看病和养老的需求，主要涉及第 8.2.1 条、第 8.2.2 条、第 8.2.3 条、第 10.2.6 条等条文。第 8.2.1 条对小镇的医疗卫生服务设施配置提出了具体的要求，包括配置指标、布局、医院等级、公共场所医学救援设施、紧急求助呼叫系统等。第 8.2.2 条要求小镇设置新型医疗救助体制，例如互联网健康档案、智慧医疗平台、远程医疗系统、老年人预约诊疗绿色通道等，为小镇居民医疗救治提供便捷帮助，提高医疗资源利用效率。第 8.2.3 条鼓励小镇发展医养结合型养老机构，缓解养老压力。第 10.2.6 条属于加分项，在第 8.2.2 条的基础上提出了更高要求，小镇设有与健康相关的互联网服务，如果小镇具有健康信息推送、远程医疗服务、健康档案管理、居家养老服务等健康服务之一，则可得分。

4. 健康出行

《标准》要求设置专门的骑行和步行道路，以满足小镇居民出行和锻炼身体的需求，主要涉及第 7.2.11 条、第 7.2.12 条等条文。第 7.2.11 条鼓励为小镇居民选用骑自行车的出行提供便捷的设施和条件，包括设置自行车专用道、共享单车专用停车位以及打气筒、六角扳手等维修工具。第 7.2.12 条提出建设完善的步行系统，并与绿地、山体和水系等相结合，以便居民方便、安全地选择步行交通和锻炼身体的方式。同时，鼓励小镇开发郊野徒步路线，让人们在运动中感受大自然，欣赏山景或田园风光，同时增加运动量，促进身心健康。

5. 低影响开发

为最大限度地降低在小镇开发过程中，对周边河流、湖、塘等自然水域和湿地资源、场地径流等产生的负面影响，《标准》设置了针对性的条文，主要涉及第 5.2.1 条、第 5.2.3 条、第 5.2.10 条、第 10.2.5 条等条文。第 5.2.1 条鼓励小镇采取有效措施，保护小镇河流、湖、塘等自然水域和湿地资源，并对其受到保护的面积提出了具体要求。第 5.2.3 条提出结合地形、地貌等场地竖向条件，利用重力自流，组织地表径流。第 5.2.10 条要求设置绿色雨水基础设施，合理利用场地空间实现雨水减排和再利用，并利用生态设施削减径流污染。第 10.2.5 条属于加分项，对小镇场地径流提出了更高的要求，即：小镇场地径流外排量接近开发建设前自然地貌时的径流外排量或年径流总量控制率达到当地海绵城市规划设计标准或《海绵城市建设技术指南——低影响开发雨水系统构建（试行）》要求的高值。

6. 清洁能源利用

低碳环保是健康小镇的重要理念，《标准》鼓励在小镇建设和运行过程中采用清洁能源，主要涉及第 4.2.3 条、第 4.2.5 条等条文。第 4.2.3 条要求小镇居民采暖和厨炊采用清洁能源，具体为鼓励采用集中供热、热泵、天然气、工业余热等形式采暖，同时厨炊采用电、燃气等替代蜂窝煤、柴。第 4.2.5 条小镇鼓励新能源汽车使用，具体为鼓励居民利用纯电动汽车、增程式电动汽车、混合动力汽车、燃料电池电动汽车、氢发动机汽车等新能源汽车出行，并设置完善的新能源汽车充电桩设施。

7. 地域特色

《标准》提倡因地制宜选择合适的开发模式、凸显地域特色，主要涉及第 8.2.6 条、第 8.2.7 条、第 10.2.2 条等条文。第 8.2.6 条鼓励健康小镇把文化、民俗和商业紧密地结合在一起，将"商业活动—小镇休闲—历史文化"三者相互融合，提供购物、餐饮及休闲交流的活动场所的同时，营造活泼的小镇氛围，形成小镇的特色。第 8.2.7 条提出配置展示小镇风情与特色、历史人文资源、自然生态资源和民俗文化资源的小镇客厅，向参观者及游人展示小镇的过去、现在和未来，增加居民的认同感与归属感；同时，注重选择有益于微气候调节的本地化植物，保护当地生物多样性，美化小镇整体环境。第 10.2.2 条属于加分项，鼓励在健康小镇充分利用当地特有的自然环境、资源禀赋、交通辐射网络、健康产业优势等，发展健康产业，打造以养生、科技、医疗、休闲等为主题的特色小镇。

五、结束语

《标准》基于我国基本国情，以创造绿色、健康、宜居的工作和生活环境为目标，首次建立了以"空气、水、舒适、健身、人文、服务"为六大健康要素的健康小镇评价指标体系，实现了规划与运营的协调，区域环境与微环境的统一，生理健康与心理健康的兼顾。《标准》的实施将对促进我国健康小镇发展、规范健康小镇评价起到积极作用。同时，作为"健康建筑"系列标准之一，《健康小镇评价标准》与《健康建筑评价标准》和《健康社区评价标准》等相互配合和补充，实现了我国从单体健康建筑向健康区域的跨越发展。

作者：王清勤[1]　孟冲[1,2]　朱荣鑫[1]　李国柱[1]

（1.中国建筑科学研究院有限公司；2.中国城市科学研究会）

《健康医院建筑评价标准》（T/CECS 752—2020）解读

医疗建筑体系是一种从整体上治疗人类疾病、保护健康的工程建筑体系。医院建筑是诊治疾病的关键场所，同时也是各种病毒滋生、疾病暴发的重点防控场所。为响应"健康中国 2030"国家战略号召，顺应健康建筑更深层次的发展需求，积极应对新冠疫情等重大公共医疗卫生事件，由中国中元国际工程有限公司、中国城市科学研究会会同有关单位共同编制了中国工程建设标准化协会标准《健康医院建筑评价标准》（T/CECS 752—2020），该标准是国内首个针对医院建筑的健康评价标准。本文将对该标准的编制过程及各章节的技术内容展开详细介绍。

一、编制背景

随着公众对医疗卫生服务的需求日益提高，健康服务供给总体不足与需求不断增长之间的矛盾愈加突出，健康领域发展与经济社会发展的协调性有待增强。同时，《"健康中国 2030"规划纲要》明确提出要将推进健康中国建设上升至国家战略层面。目前，尽管新型冠状病毒感染疫情在国内已得到了控制，但是依然对人们的生命健康构成不可小觑的威胁。

医院在任何重大公共卫生事件中总是首当其冲，其建筑环境会对疾病的传播和控制产生较大影响。因此，必须认真考虑医院建筑需要进行哪些改进，以继续提高医疗保健设施的安全性，这不仅仅是为了应对新型冠状病毒感染疫情，也是提高医疗保健系统应对下一个未知威胁的复原力和能力，以确保研究人员、医务工作者、就医患者的生命安全和身体健康。

基于前述背景，中国中元国际工程有限公司、中国城市科学研究会会同国家卫健委、北京市医管局、北京大学国际医院、哈尔滨工业大学、北京大学等有关单位，依据中国工程建设标准化协会《关于印发〈2018 年第一批协会标准制订、修订计划〉的通知》（建标协字〔2018〕015号）的要求，启动了《健康医院建筑评价标准》（以下简称《标准》）的编制研究工作。《标准》编制组广泛收集了国内外相关的标准规范和技术文献，充分考虑技术的先进性，对以往的研究工作进行筛选及整合，并针对符合建筑健康性能的重点要素进行深入研究。随后，编制组依据《标准》评价指标体系对编制专家进行分组，成立了专题工作小组开展专题研究和条文编写工作。2018年4月，标准编制工作正式启动；2019年12月，向社会发布征求意见稿；2020年5月，召开专家评审会，并通过专家审查；2020年8月，标准由中国工程建设标准化协会正式批准并发布；2021年1月，标准正式实施。

二、技术内容

（一）标准框架

《标准》中将"健康医院建筑"定义为"在满足医院功能的基础上，提供更加健康的环境、设施和服务，促进医护人员、就医者及其他人员的身心健康，实现更高健康性能的医院建筑"。《标准》在指标设定方面不只考虑了建筑工程领域内学科，还参考了病理毒理学、流行病学、心理学、营养学、人文与社会科学、体育学等多学科领域的先进理念，遵循多学科融合原则，有针对性地控制影响健康的涉及建筑的因素指标，进而全面提升医院建筑的健康性能。

《标准》共有10章，前3章分别是总则、术语和基本规定；第4~9章为空气、水、舒适、健身、人文关爱及服务；第10章是提高与创新，为鼓励申报单位采取本标准规定之外的创新措施以提高医院建筑健康性能，《标准》设置了"加分项"供选择补充。

（二）总则及基本规定

《标准》第1章"总则"规定了标准编制目的、适用范围及符合其他有关标准规定的要求。

《标准》第3章"基本规定"分2节共12条，详细规定了健康医院建筑评价指标体系、评价对象、评价阶段、申请评价方要求、得分及分数计算方法、等级划分、评价指标权重等评价基础性内容。

1. 评价指标体系

《标准》遵循多学科融合性的原则，建立了涵盖生理、心理和社会三方面要素的评价指标作为一级评价指标，分别为空气、水、舒适、健身、人文关爱、服务，每个一级指标下又细分多项二级指标。为鼓励健康医院建筑在提升建筑健康性能上的创新和提高，另设置"提高与创新"章节。

2. 评价对象

《标准》要求健康医院建筑的评价应以建筑群、单栋建筑为评价对象。当评价单栋建筑时，涉及系统性、整体性的指标应基于该栋医院建筑所属工程项目的总体进行评价。此外，评价对象不能是毛坯建筑，需要满足完成全装修与装备的要求。

3. 评价阶段

健康医院建筑的评价划分为"设计评价"和"运行评价"。设计评价应在施工图设计完成之后进行，运行评价应在建筑通过竣工验收并投入使用一年后进行。"设计评价"关注的重点为健康医院建筑采取的提升健康性能的预期指标要求和健康措施，"运行评价"更关注健康医院建筑的运行效果。

4. 评价等级

《标准》规定在项目满足所有控制项条文的前提下，依据评分项得分情况计算总得分，进而确定健康医院建筑的等级。计算总得分时采取权重计算法，当项目总得分分别达到 50 分、60 分、80 分时，健康医院建筑等级分别应评定为一星级、二星级、三星级。

（三）空气

"空气"作为当今社会关注的重点，其质量高低对于人体健康有很大影响，尤其是在常态化疫情防控期间，医院建筑内的空气质量、气流组织等显得格外重要。《标准》第 4 章对医院建筑的空气质量相关指标提出要求。针对医院建筑，着重强化医院感染防控工作，区分洁净区及非洁净区的要求，通过对室内空气污染物和有害物质的限值进行控制、从源头降低影响、增加净化措施等方面，最大限度提升空气质量，同时降低医院内感染发生的风险，从而提升医院建筑的健康性能。

（四）水

能够提供清洁的生活饮用水和生活热水是健康医院的基本前提之一。同时，由于医院建筑排放的污水来源复杂、成分多样，含有大量的细菌、病毒、寄生虫卵、化学试剂、药物化合物等有害物质，具有空间污染、急性传染、潜在感染等特征，因此《标准》第 5 章针对医院污水、废水的处理和排放也提出了更高的要求。此外，《标准》还通过对管材、用水器具、储水设施、排水和供水设施等提出要求，以实现降低医院感染风险、提升用水安全性等目的。

（五）舒适

基于听觉、触觉等人体感官角度，医院建筑的噪声、采光、照明和温、湿度质量等因素都对医务工作者及就医患者的健康产生较大影响。《标准》根据建筑空间功能的差异性，细化了相应的指标要求，极力营造一个有利于病患恢复和医生工作的优越环境，在第 6 章对人在建筑内的舒适性提出要求。此外，《标准》也基于人体工程学理论，针对医护人员和病患高频率使用的空间、家具和器械等提出了要求，提升患者使用的无障碍性和适用性，最大程度避免对医生造成职业病等负面影响。

（六）健身

健身运动对于在医院工作和治疗的医护人员、部分有能力的患者和家属等尤其重要。提供合理规模的健身场地、合适的健身设施，可促进使用者积极运动，主动提高身体健康水平，对医护人员保证身体健康和患者恢复有明显的积极作用。《标准》第 7 章对医院建筑内的健身场所和设施提出要求，建议医院建筑结合场地情况，合理利用地面、绿地、广场、屋顶、室内等空间设置活动场地，并配套设置合理数量和种类的健身设施，以便于满足不同身体状况人群的锻炼需求。

（七）人文关爱

对于医护人员和医院内的就医患者而言，长期处于繁忙的工作或疾病，可能会产生一些焦虑情绪，合理的交流和心理疏导可以减缓焦虑，以更加积极的心态面对工作和治疗。《标准》第 8 章关注医院建筑使用者的心理需求和感受，结合医院建筑的特殊功能性，《标准》对建筑的室内外康复空间和设施的设置提出了具体要求，并且要求室内环境设计要有利于患者的健康恢复。考虑到使用者的身体状态的差异性和多样性，《标准》对医院建筑内设施设备的易用性也提出了明确要求。

（八）服务

医院建筑在运行期间的管理和服务质量直接决定了健康医院能否真正落地。《标准》第 9 章关注医院建筑运行阶段的服务情况，该章节的所有要求均是针对健康医院的运行阶段提出的，主要包括物业管理质量、膳食供应情况和健康理念的宣传。医院内存在各种疾病的患者，其免疫防御功能都存在不同程度的损害和缺陷，如何避免医护人员和住院患者在医院内被感染是健康医院建筑关注的重点。为此，《标准》特别针对院感风险的控制也提出了诸多措施。

（九）提高与创新

《标准》第 10 章为健康医院建筑的评价设置了"加分项"，以此鼓励申报单位在创建健康医院建筑的各个环节中采用高标准或创新的健康技术、产品和运营管理方式，如进一步提升室内空气质量、智能化控制系统、远程医疗服务、"平疫转换"模式等，使医院建筑健康性能得以进一步提高。

三、结束语

医院建筑是对抗疾病的前线战场，也是人民健康保障的最强防线。构建、完善和推广健康医院建筑评价体系有利于提升我国的医疗卫生服务水平，引导群众建立正确的健康观，形成有利于健康的生活方式、生态环境和社会环境，促进以治病为中心向以健康为中心转变，以实现提高人民健康水平的最终目标。

作者：陈自明 刘昕晔 毕超 黄晓群 周超 李辉 陈兴
（中国中元国际工程有限公司）

《既有住区健康改造评价标准》（T/CSUS 08—2020）解读

一、编制背景

住区是城市的基本单元，健康住区是我国"健康中国"建设的重要组成部分，特别对于重大疫情防控能够起到重要作用。2003 年 SARS 疫情后，住区健康性能受到广泛关注。叶荣贵对住区室外环境健康性能进行了论证，指出住区室外环境应具备活动、休憩、交往、景观性、生态效应等功能。齐丽艳等人提出健康住区应综合考虑温度、湿度、通风换气、噪声、光和空气质量等室内外物理环境，以及社会功能、心理环境、公共卫生体系、文化养育体系、保健体系、健康保险体系、业主健康行动、健康物业管理等社会环境，需要由建筑学、生物、医学、社会学、能源等多学科共同完成。黄海静等人对住区热环境对居住人员的健康影响进行了专门研究。刘东卫等人结合北京金地格林小镇项目的规划设计，研究了住区健康环境与空间建构的措施。

2016 年 10 月，国务院印发了《"健康中国 2030"规划纲要》，其中部署了健康中国建设的总体战略，要求以普及健康生活、优化健康服务、完善健康保障、建设健康环境、发展健康产业为重点，推进健康中国建设。紧接着，又出台了《健康中国行动（2019—2030 年）》，要求建设健康的家居环境、工作场所、社区环境，为人民群众健康提供重要保障。对于我国量大面广的既有住区来说，存在功能配套设施不完善、空间分布不均衡、室外物理环境有待提升、物业管理欠缺等诸多问题，健康性能亟须提升。

在此背景下，由中国建筑科学研究院有限公司会同有关单位，开展《既有住区健康改造评价标准》（以下简称《标准》）的编制工作，并于 2020 年 11 月发布，标准号为 T/CSUS 08—2020。

二、技术内容

（一）《标准》章节框架

《标准》以遵循多学科融合性的原则，结合既有住区现状和改造目标及其所在地域的气候、环境、资源、经济、文化等特点，对空气、水、舒适、健身、人文、服务等方面进行综合评价。《标准》共分 10 章（图 3-5-1），前三章分别是总则、术语和基本规定；第 4 章至第 9 章即是既有住区改造健康性能评价的 6 大类指标，分别是空气、水、舒适、健身、人文、服务，第 10 章是提高与创新，即加分项。

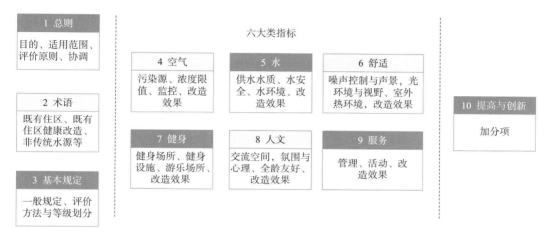

图 3-5-1 《标准》章节框架

（二）重点解决问题

1. 评价指标体系

《标准》建立了以"空气、水、舒适、健身、人文、服务"为核心的既有住区健康改造指标体系，共包括 6 类一级指标、23 类二级指标、56 类三级指标。所选取指标与既有住区健康性能关联程度较高，能够凸显既有住区改造后的健康性能。

2. 部分改造评价

为保证既有住区改造后的健康性能，《标准》应对既有住区的空气、水、舒适等六大类指标进行全部评价，未改造部分的各类指标也应按相关指标要求参与评价。

3. 改造效果

结合既有住区健康改造重点，约束改造措施实施效果，在空气、水、舒适等六大类评价指标中分别设置了改造效果评价小节。对于不同指标改造前后效果评价方法问题，有两种考虑方法：一是改造前与改造后的性能对比，提高得越多得分越多；二是按照参评既有住区的现状评价，相关指标应达到现行标准规范要求。

4. 问卷调查

为了解居民对改造效果的反馈，在空气、水、舒适等六大类指标的改造效果评价中均设置了居民问卷调查。同时，为保证问卷调查的可靠性，《标准》以不满意率作为评价指标，并对有效问卷需涵盖参评住区内居住人员的数量提出了要求。

三、实施应用

上海市金杨新村街道住区建成于 20 世纪 90 年代，占地面积约 $2.2km^2$，内部包括了商品房、系统房与动迁房等不同来源的住房（图 3-5-2）。随着建成与使用时间渐长，存在市政设施老化、绿地空间使用率低、建筑外立面破旧风貌老化、服务设施缺乏、停车空间混乱等问题，整体功能与物质环境改善需求迫切。

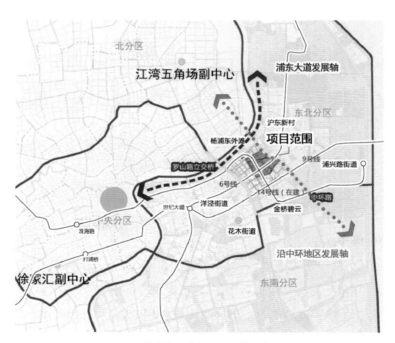

图 3-5-2　住区项目区位图

改造时，对场地规划、人文与景观、物理环境、水环境、配套设施等内容进行了评估，并对改造可行性和目标进行了策划，制定了绿色健康综合改造方案。主要改造包括：绿地开场空间挖潜、增加绿地空间、提升绿化效果等，增设优化无障碍设施、健身步道、标识系统等，地面停车空间生态化改造、增设电动汽车充电桩等，协调住区建筑风貌、增设景观小品等，具体如图 3-5-3 所示。在改造过程和改造完成后向居民发放了调查问卷，随时跟踪改造措施的实施情况和改造效果。

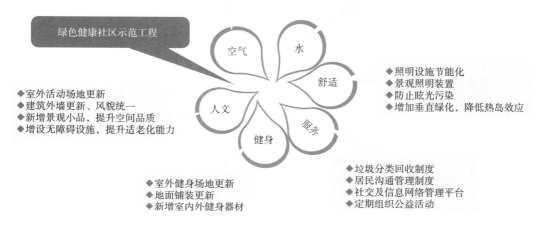

◆完善垃圾收集系统
◆设置禁烟区域标识
◆远程空气监测及公示
◆公众号定期推送禁烟科普教育

◆给水水质检测制度
◆公厕定期清洗消毒并记录
◆采用雨污分流制排放雨水污水，管道无混接
◆建设雨水花园，提升生态品质

绿色健康社区示范工程

空气　水　舒适　服务　健身　人文

◆室外活动场地更新
◆建筑外墙更新、风貌统一
◆新增景观小品，提升空间品质
◆增设无障碍设施，提升适老化能力

◆照明设施节能化
◆景观照明装置
◆防止眩光污染
◆增加垂直绿化，降低热岛效应

◆室外健身场地更新
◆地面铺装更新
◆新增室内外健身器材

◆垃圾分类回收制度
◆居民沟通管理制度
◆社交及信息网络管理平台
◆定期组织公益活动

图 3-5-3　住区健康性能改造提升措施

改造完成后，依据《标准》对项目的健康性能进行了评审，并获得了铂金级既有住区健康改造标识，如图 3-5-4 所示。

图 3-5-4　项目健康改造标识证书

连同上海市金杨新村街道住区健康改造，《标准》累计指导全国不同地区的 10 个既有城市住区健康化性能提升改造，并对其改造后的健康性能进行了评价，均获得了

既有住区健康改造标识。《标准》以健康性能提升为导向，为既有城市住区健康改造提供技术支撑，有助于既有城市住区健康改造在全国范围内大规模推广。

四、结束语

《标准》综合考虑了我国国情和既有住区改造特点，以促进居民身心健康为目标、以规划设计为引领、以区域环境和功能设施综合整治为措施，首次建立了"空气、水、舒适、健身、人文、服务"为核心的既有住区健康改造指标体系。《标准》的实施将对促进我国既有住区改造健康性能提升、规范健康改造评价起到重要作用，总体达到国际先进水平。

此外，为促进《标准》的实施，开展了配套标准《既有住区健康改造技术规程》的编制，开发了《标准》评价工具软件，有助于落实《"健康中国 2030"规划纲要》中建设健康环境的要求，共同推动我国既有住区健康改造工作的健康发展，切实改善居民的生活环境，增加居民的幸福感和获得感。

作者：王清勤　孟冲　朱荣鑫
（中国建筑科学研究院有限公司）

《健康建筑产品评价通则》（T/CECS 10195—2022）解读

一、编制背景

建筑材料、设备、家具等产品是建筑的重要物质基础，直接影响建筑品质和人体健康。以创建健康居住、办公、学习等健康支持性环境为目标的建筑产品创新与应用是重要的民生产业和发展方向。2015 年 10 月，党的十八届五中全会提出"推进健康中国建设"的目标，随后印发《"健康中国 2030"规划纲要》等文件，强调以普及健康生活、优化健康服务、完善健康保障、建设健康环境、发展健康产业为重点，全方位、全周期保障人民健康。2020 年 9 月 11 日，习近平总书记在科学家座谈会上将"面向人民生命健康"列为科技工作的"四个面向"之一，健康成为推动科技创新的重要行动指南。从行业发展看，建筑业正在从追求高速增长向高质量发展升级转型。2020 年以来，住房和城乡建设部、工业和信息化部等部门陆续发布《绿色建筑创建行动方案》《"十四五"建筑节能和绿色建筑发展规划》《推进家居产业高质量发展行动方案的通知》等文件，提出提升建筑健康性能、增加健康产品供给的要求。北京市、上海市、天津市、四川省、雄安新区等地发布了推进健康建筑发展的文件。从市场供需看，我国人民的美好生活需要日益增长，2021 年健康素养水平达到 25.40% 并呈现稳步提升态势，为健康消费创造了基础条件。健康建筑作为建筑领域面向人民健康需求的重要探索与实践工作，自其理念诞生和首部《健康建筑评价标准》在 2017 年发布以来，已初步形成完善的工程建设标准技术体系。

健康建筑规模化的增长和精细化的建设需求促使建筑产品的健康影响受到利益相关者更广泛的关注，然而与此相关的产品性能评价和信息披露工作仍然不完善。在国外，已经开展的德国蓝天使（Blue Angel）、日本生态标签（Eco Mark）、美国健康产品声明（Health Product Declaration）等工作重点关注产品的有害组分和释放量，产品类别涉及建筑、生活、清洁等多个方面，技术标准和认证标识的国际认可度高。在我国，绿色建材产品的标准化工作发展迅速，但涉及健康的指标权重较低。1996 年起，健康型建筑材料、健康建材的标准化工作和评审工作在我国启动，产品类别包括内墙涂料、地板、石膏板、木塑板，主要目的是控制室内装修污染，然而工作延续性和行业认可度不高，没有形成标准体系和市场化的运行机制。中国家用电器研究院开展了与家居环境有关的健康家电认证工作，2021 年发布 T/CAS 496.1—2021《健康家电评价技术要求第 1 部分：通则》，用于评价家电综合健康性能。从国内外现状看，尚无基于工程建设和用户个性化需求的建筑产品健康性能技术标准。因此，为了满足健康建筑的建设需求和发挥其健康效应，有必要制定一部能够综合评估建筑产品健康性能的技术标准。

2020 年，中国建筑科学研究院有限公司向中国工程建设标准化协会提出编制《健康建筑产品评价通则》（以下简称《通则》）的申请，《关于印发〈2020 年第二批协会标准制订、修订计划〉的通知》（建标协字［2020］23 号）下达，同意启动标准编制工作，标准由中国工程建设标准化协会绿色建筑与生态城区分会归口管理。《通则》基于检测机构数据、建筑设计需求、用户需求、产品企业调研以及零售平台产品标示信息的分析，构建了统一的健康建筑产品技术体系，并规定了典型产品的技术指标。

二、技术内容

（一）标准框架

《通则》共 6 章和 3 个附录，包括范围、规范性引用文件、术语和定义、基本原则、评价要求、评价方法。附录为健康建筑产品评价等级划分要求和技术指标要求的结构框架、21 类典型产品的指标要求和内墙涂料净化效率测试方法，章节结构如图 3-6-1 所示。

《通则》适用于民用建筑中建筑材料、设施设备、家具、电器等产品的健康性能评价，作为健康建筑选用产品的总体要求和技术支撑，统一和汇总了产品的指标基准值和检测方法依据，分别在第一章"范围"和第二章"规范性引用文件"中明确。第三章"术语和定义"，明确了"健康建筑产品"的定义为"在满足产品使用功能的基础上，符合健康建筑要求，实现建筑健康性能提升的建筑材料、设施设备、家具、电器等产品"，强调产品应具备降低或消除健康不利因素，如涂料的甲醛释放量、设备的断电保护、板材的燃烧性能等；并应具备改善或提升健康有益因素，如涂料的抗菌性能、电器的智能运行、灯具的调光控制等，从有害控制和健康促进两方面引导产品研发。同时，定义了"健康建筑"和"主动健康"，强调与工程应用场景和健康价值理念的衔接。

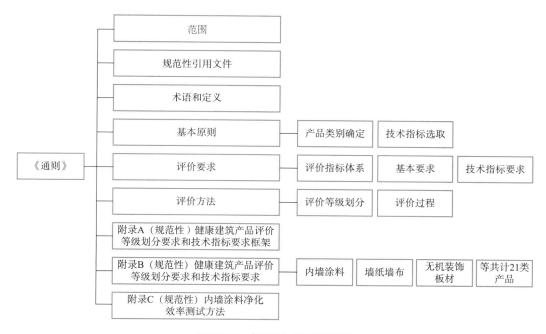

图 3-6-1 《通则》章节结构图

（二）基本原则

健康建筑产品类别的确定应服务于建筑健康性能的提升，考虑健康影响的程度和应用的广泛性。在技术指标选取中，应该遵守综合性、协调性、适用性、代表性、先进性五大原则。综合性原则指的是从建筑使用者的健康需求出发，兼顾生理损害、感知体验、操控便捷等多个维度的健康影响，选取能够表征健康特性的指标构成技术体系；协调性原则指的是既考虑人的健康需求，又结合健康建筑系列标准的要求，做到关注重点统一，实现有效支撑现行健康建筑系列标准落地，且与国家现行标准有关规定的统一协调；适用性原则指的是确保一类产品的技术指标覆盖多重场景的应用需求，确保在不同类型建筑建设时有可参照的指标要求，有广泛的可操作性；代表性原则指的是在综合性原则的基础上，分析国内外与健康相关建筑技术标准中指标的权重，开展消费者和行业调研，选取被广泛关注和采用的主要性能指标；先进性原则指的是产品技术指标的选用应在兼顾技术水平、制造水平、检测能力和数据的基础上，选用能够体现技术先进性的基准值，但应避免指标过高，致使标准难以被采用，失去引导性和适用性。五大原则的规定为产品技术指标的确定提供了科学的方法。

（三）评价要求

《通则》首次提出了安全耐久、使用舒适、主动健康、智慧感知、创新提高 5 项技术指标，与基本要求共同构成健康建筑产品评价指标体系。基本要求是产品参评的准入条件，对生产企业和产品质量设立基本"门槛"，落实绿色发展的基本要求。包括：①近3年不应出现重大环境污染事件和重大安全事故；②固体废弃物的收集、贮存、处置达标，不得采用淘汰或禁止的技术、工艺、装备及相关物质，从生产安全和环境保护的角度进行约束；③质量、环境、职业健康安全三体系要求，为产品提供规范的质量保障的同时提高企业的能源利用效率和经济效益；④符合国家标准和现行标准的有关规定，明确参评产品本身应质量合格。

（四）技术指标

《通则》构建的5项一级技术指标从人体无害，到使用舒适，再到主动干预、智慧技术、创新提高，从产品属性、环境调节、与人交互3个维度满足使用者的健康需求，与健康建筑强调的人的生理、心理和社会三方面的健康要求一致。

1）安全耐久指标指的是影响人体安全健康，保障产品基本功能和使用寿命等方面的指标。

2）使用舒适指影响视觉、触觉、嗅觉、听觉舒适，使用便捷等方面的指标。

3）主动健康指标指功能适应与调节、环境改善与控制、健康干预与管理等方面的指标。

4）智慧感知指标指对环境因素或健康状态可识别、可量化、可分析等方面的指标。

5）创新提高指标是符合健康理念，采用上述4项技术中更高标准的指标要求或创新技术的应用，是对前4项指标的提升或补充。

一级技术指标下设置可量化、可检测、可验证的二级指标，包含定性指标和定量指标，类别分为控制项和优选项。由于不同类别的产品属性差异较大，能够表征主要健康性能的指标不同，产品技术指标及其类别的确定应根据健康权重、检测数据、技术现状、市场调研等研究综合确定。与国内外典型的绿色建材产品评价体系聚焦有害物质限量和能源资源保护相比，《通则》所规定的产品健康性能和用户友好功能更全面，为健康建筑工程建设和室内环境优化的选材提供了更具实用意义的技术指导。

（五）评价方法

评价方法规定了健康建筑产品分级评价要求。在评价中，二级指标类别为控制项的，须全部满足要求。在此基础上，根据具体产品二级指标优选项达标的数量进行分级，分为金级和铂金级两个级别。评价过程包括对样品和生产现场的核查，以及采信第三方检测结果或相关的证明材料。

三、实施应用

《通则》于 2022 年 11 月 1 日实施，截至 2023 年 11 月，作为健康建筑产品评价工作的技术依据，完成了对临海伟星新型建材有限公司、浙江中财管道科技股份有限公司、广东联塑科技实业有限公司、公元股份有限公司、佛山电器照明股份有限公司、昕诺飞（中国）投资有限公司、肇庆三雄极光照明有限公司、宁波方太厨具有限公司、华帝股份有限公司、中山市荣星电器燃具有限公司、大金空调（上海）有限公司、广东美的暖通设备有限公司、威士伯涂料（广东）有限公司、奥克斯空调股份有限公司等知名企业申报的给水管材、建筑室内 LED 照明及控制系统、吸油烟机、热回收新风净化机组、内墙涂料共 26 个系列的产品的健康性能铂金级标识评价，树立了标识品牌，形成了辐射带动效应。此外，随着项目研究成果的推广，该标准得到了行业的关注，目前已经基于此开展了房间空气调节器、新风调湿机等产品健康性能技术指标的研究和产品试评。

四、结束语

《通则》对健康建筑产品标准体系应覆盖什么范围、制定健康建筑产品评价标准的原则、如何选择产品类别来制定评价标准、如何建立健康建筑产品评价指标体系和如何分级评价做出了规定。同时，建立了典型产品的技术指标和等级划分依据，为技术指标的完善和产品标准的制定提供了借鉴。《通则》作为我国第一部健康建筑产品评价的技术文件，为建筑产品的健康性能信息披露和评价提供了框架和指南，将更好地服务我国健康室内环境营造和健康建筑规模化发展。编制过程中，编制组进行了产品技术应用、性能水平和市场推广等方面的调研工作，获得了具有参考意义的数据和研究成果。随着新材料和新技术的不断迭代，产品类别和指标体系还需要不断更新完善。

作者：刘茂林[1]　孟冲[1,2]　王娜[1]　李淙淙[1]　曾璐瑶[1]
（1. 中国建筑科学研究院有限公司；2. 中国城市科学研究会）

《宁静住宅评价标准》（T/CSUS 61—2023）解读

一、编制背景

2022 年 6 月 5 日起《中华人民共和国噪声污染防治法》（以下简称"新噪声法"）正式施行。新噪声法第三十二条明确指出"国家鼓励开展宁静小区、静音车厢等宁静区域创建活动，共同维护生活环境和谐安宁"，对住宅建筑声环境性能专项提升提出了新的高质量建设要求。

为贯彻落实新噪声法宁静区域创建活动要求，提升住宅外部和内部声环境水平，维护住宅使用者生活环境和谐安宁，中国城市科学研究会绿色建筑研究中心与中国建筑科学研究院有限公司共同编制《宁静住宅评价导则》，2022 年 7 月通过专家评审会审查，于 2022 年 8 月发布，并在 2022 年 9 月依据《宁静住宅评价导则》开展了第一批宁静住宅设计标识的评价。

世界卫生组织（WHO）提出噪声对城市居民的主要健康危害包括心血管疾病、儿童认知损失、烦恼、影响睡眠和耳鸣，噪声对居民健康影响极大。而根据我国的住房制度改革，居民住房从以前的分配制度转化到现在的商品房购买方式，住房成了居民最大的资产。住宅建筑的声环境情况直接关乎居民的健康与财产。

目前，全文强制规范《住宅项目规范》正在制定中，目前正在第三次公开征求意见。另外，《建筑环境通用规范》（GB 55016—2021）已于 2022 年实施，《民用建筑隔声设计规范》（GB 50118—2010）修订也已报批待发布。新实施的标准与正在制定的标准均在住宅声学指标方面有较大的提高。但与发达国家相比，我国现行标准仍存在滞后的环节，部分住宅声学指标要求较宽松，未能全面创造宁静区域。

近年来，随着绿色建筑、健康建筑、超低能耗建筑、零碳建筑的快速发展和评价工作的不断推进，住宅品质在绿色、健康、节能、低碳方面均有十分显著的提升，但是噪声问题一直得不到解决。重要原因之一就是现有的绿色建筑、健康建筑评价体系中声环境的评分占比很低，因而只需满足声环境的控制项要求，即使声环境评分条款不得分，也可以获评高星级绿色建筑和健康建筑，也就不能推动住宅在声环境领域的提高与创新。

为了解决上述问题，本标准对住宅建筑从环境噪声与振动、降噪设计、室内噪声与振动、空气声隔声、撞击声隔声、制度与管理六个方面进行全要素的研究，全面覆盖建筑声环境领域，提高声环境要求，从规划、设计、验收、运营等多方面进行质量控制。这样，对提升我国住宅建筑的声环境水平，创建符合国家与人民需要的宁静住宅，有着极其重要的意义。

通过制定宁静住宅评价标准，提高声环境要求，将能有效控制住宅建筑的声环境质量，保障人们居住空间的舒适性。通过对住宅建筑进行声学验收，能累计大量我国住宅建筑声学质量现状资料和发展水平，累计的资料和数据对指导我国住宅建筑声学方面的设计、建造也有着重要的意义。

《宁静住宅评价标准》（T/CSUS 61—2023）（以下简称《标准》）于 2023 年 8 月 15 日发布，2023 年 9 月 15 日起实施。

二、技术内容

（一）标准框架

《标准》基于编制组多年来对国内外先进标准的研究和实践基础，首次在国内建立了住宅建筑声环境评价体系。由总则、术语、基本规定、场地噪声与振动、规划与建筑降噪设计、室内噪声与振动、空气声隔声、撞击声隔声、制度与管理 9 部分组成（图 3-7-1）。

（二）基本规定

《标准》评价对象为住宅建筑群或单栋住宅建筑。评价阶段分为设计评价和运行评价，设计评价在施工图设计完成后进行，运行评价在通过竣工验收后进行。参评项目施工图设计说明要增加宁静住宅或声学专项设计的内容。宁静住宅评价体系由六类指标组成，制度与管理章节设计评价阶段可不参评。每类指标均包括控制项和评分项，共设置 16 条控制项和 28 条评分项，总分值 200 分。当参评项目满足《标准》所有基本规定以及控制项的要求，评分项总得分分别达到 80 分、100 分、120 分、160 分时，宁静住宅的等级分别为铜级、银级、金级、铂金级。

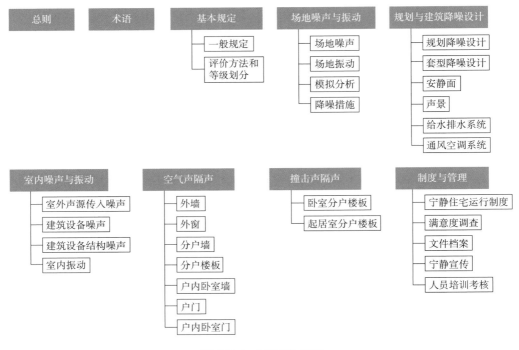

图 3-7-1 《标准》框架

（三）指标体系

1. 环境噪声与振动

《标准》第 4 章规定了环境噪声与振动的要求，包括 2 条控制项和 4 条评分项，总分值 30 分。分别规定了场地噪声限值、场地振动限值、噪声与振动模拟分析和场地降噪措施。其中场地噪声限值和场地振动限值分别规定了控制项和评分项。

2. 规划与建筑降噪设计

《标准》第 5 章规定了规划和建筑降噪的要求，包括 2 条控制项和 6 条评分项，总分值 30 分。分别规定了规划降噪设计、安静面达标率、声景设计、套型降噪设计、给水排水系统降噪设计和通风空调系统降噪设计等内容。

3. 室内噪声与振动

《标准》第 6 章规定了住宅室内噪声与振动的要求，包括 2 条控制项和 4 条评分项，总分值 30 分。分别规定了室外声源传入噪声限值、建筑设备噪声限值、室内振动限值和建筑设备结构噪声限值等内容，其中室外声源传入噪声限值和建筑设备噪声限值分别规定了控制项和评分项。

4. 空气声隔声

《标准》第 7 章规定了住宅空气声隔声的要求，包括 4 条控制项和 7 条评分项，总分值 50 分。分别规定了外墙、外窗、分户墙、分户楼板、户内卧室墙、户门和户内卧室门的空气声隔声性能要求等内容，其中外墙、外窗、分户墙与分户楼板、户门分别规定了控制项和评分项。

5. 撞击声隔声

《标准》第 8 章规定了撞击声隔声的要求，包括 2 条控制项和 2 条评分项，总分值 30 分。分别规定了卧室分户楼板和起居室分户楼板的撞击声隔声性能等内容。

6. 制度与管理

《标准》第 9 章规定了制度与管理的要求，包括 3 条控制项和 5 条评分项，总分值 30 分。分别规定了宁静住宅运行制度、宁静住宅满意度调查、宁静住宅文件档案要求、宁静住宅理念宣传和人员考核培训等内容。

三、编制亮点

1. 建立完整指标体系

《标准》旨在对住宅建筑的声环境进行全要素评价，并与工程项目实施全流程相结合，建立了 6 大指标体系。与国外住宅隔声性能评价体系相比，《标准》建立的指标体系更全面，也更适合我国国情。从标准条文来看，与国外只规定限值不同，《标准》不仅包含限值方面的条文，还有大量的措施和方法相关的条文，更注重全过程管理。

2. 确定符合国情的评价方法

ISO（国际标准化组织）和 AAAC（澳大利亚声学顾问协会）均发布了住宅的声学等级指南，其评价方法均是对每类指标分别考核，根据所有类别的最低等级确定最终的评价等级，而且只对住宅建成后的最终效果进行评价。《标准》在评价方法方面，参考了国内绿色建筑、健康建筑的评价方法，采用了控制项和评分项相结合，设计评价和运行评价相结合的评价方法，通过控制项保证宁静住宅的最低声学水平，通过评分项鼓励参评项目根据项目实际采用多样的手段和措施，将住宅某方面的声环境水平做进一步提升。

3. 融入最新研究进展

《标准》在编制过程中，广泛吸收城市和建筑声环境研究方面的最新成果。不仅规定了住宅建筑在室内噪声和隔声方面的常规评价指标，还融入诸如安静面达标率、声景设计、累积百分比声级等措施和评价参数。

四、实施应用

2023 年 8 月 3 日召开了《宁静住宅评价标准（送审稿）》审查会，审查专家组审查专家一致同意通过审查，认为：标准内容科学合理、可操作性强，与现行相关标准相协调，空气声隔声、撞击声隔声等指标达到发达国家水平，创新性提出的宁静住宅全要素指标体系和评价方法达到了国际领先水平。

《标准》在第五届健康建筑大会主论坛上隆重发布，并组织了"新噪声法形势下的宁静建筑"专题论坛。标准发布以来，已经有 7 个项目申请宁静住宅评价。

五、结束语

《标准》的发布将为宁静住宅建筑提供一个全面的指导框架，引导贯彻执行新噪声法以及绿色建筑、环境保护等方面有关的法律法规和政策。通过宁静住宅评价促进设计提升、施工质量、检测验收和运营管理，在满足住宅基本使用功能的基础上，减少住宅建筑受噪声干扰，为居住者营造宁静、健康和舒适的室内声环境提供保障。

作者：闫国军[1]　孟冲[1,2]　盖轶静[2,3]　赵启元[1]　赵乃妮[1]

（1. 中国建筑科学研究院有限公司；2. 中国城市科学研究会；3. 哈尔滨工业大学）

Fitwel 标准体系解读

一、背景

近年来，随着人们追求健康生活的脚步不断加快，建筑环境对人们的健康和福祉的影响受到越来越多的关注。Fitwel 是世界先进的健康建筑评价体系，旨在评估建筑、办公场所和社区的健康水平。Fitwel 体系由美国疾病控制与预防中心（CDC：Centers for Disease Control and Prevention）和美国总务管理局（GSA：General Services Administration）共同开发，基于最新的健康研究成果和数据，强调优化建筑环境和促进员工和社区居民的健康。尤其在后疫情时代，随着全球领域对人类健康关注度的日益增加，目前已有超过 1460 个项目已获得认证或正在审核中，应用前景广泛。本文详细介绍了 Fitwel 认证的标准框架、技术指标、编制亮点和应用情况，以期为读者提供一个全面了解 Fitwel 体系的指南。

二、标准框架

Fitwel 认证是一种基于循证研究的健康建筑优化设计和评估体系，通过对建筑环境、运行管理政策和实践进行评估，帮助建筑物实现更高的健康水平。Fitwel 体系的目标是提高建筑的健康属性、生产力水平和可持续性，适用于各种类型的建筑物，包括办公、住宅、零售和教育等，共包含 7 个模块、63 项指标，每项指标的分数相加后得到总分，并根据项目总得分将项目划分为三个等级：一星级、二星级和三星级。

Fitwel 认证体系以科学研究为基础，将建筑物环境的影响因素划分为七个方面，包括：室内环境空气质量、水质、食品供应、办公设备、室内环境照明、建筑物周围环境、社区交通状况等，通过对这些因素的评价和优化，提高人们在建筑物内的生活体验和健康水平。

三、技术指标

（一）项目选址

首先，项目应选址于更适合步行的区域，有利于居民通过增加定期体育活动提高健康水平，同时增加社交互动和使用当地设施的机会。

本章节共 4 个得分项，该章节得分主要是通过 walk score 衡量得分。通过综合分析建筑前往附近便利设施（如公园、图书馆、餐馆或公交车站）的步行路线，并根据距离每一类便利设施的距离衡量场地便利性（步行 5min 以内的便利设施可获得最高积分，步行 30min 以上的设施不算入得分）；还可以通过分析人口密度和道路指标（如街区长度和交叉口密度）来衡量行人友好度。

（二）生活便利

有活力的街区可以在很大程度上提高居民生活的便捷性，Fitwel 体系认为，街区的活力在很大程度上取决于项目周边的建筑配套设施的设置。

本章节共计 7 个得分项，得分点包括：鼓励设置便捷的人行道连接各类设施，提供长期/短期自行车位以及共享自行车位的设置，鼓励在道路上设置减速带等安全措施保障社区道路的安全。在公共设施方面，鼓励公交车站提供座椅、照明和遮挡设施，便于居民使用公共交通。

（三）开放空间

Fitwel 鼓励在社区内设置公园、健身道和其他公共娱乐设施，建议居民每天保持 30min 中等强度体育活动维持身体健康。

本章节共有 9 个得分项，鼓励户外运动的设计方案包括：设置 400m 以上的健身道、1600m 以上的自行车道和户外运动设施，设置设施完善的广场，设置精神恢复空间，鼓励每周提供农贸交易活动。建议社区设置种植花园，并且户外活动空间也要实施禁烟。

（四）建筑出入口和首层空间

本章节共计 6 个得分项，Fiwel 指导建筑主要出入口和首层空间的设计，提高社区的安全性和便捷性。设计中应在所有的建筑出入口、停车场设置永久的禁烟标志，鼓励打造无烟环境。建议在社区设置可定时售卖新鲜蔬菜和水果的点位，方便居民获取新鲜食物。健身步道和自行车道提供均匀照明，可提高安全性。为了提高居民对周边配套设施的利用率，鼓励在每个单元设置公共设施指引，如公园、图书馆、公交站等配套设施的位置。

（五）楼梯

楼梯在为居民提供主动运动方面起到很大的作用。如果建筑物的楼梯位置居中、无障碍且美观，那么会有更大比例的人选择使用楼梯。

为了使楼梯具有更高的使用率，Fitwel 在本章节共计 6 个得分项，对于楼梯的设计有以下设计指导：

1）楼梯的位置应比电梯更容易被看到或找到。

2）在楼梯设置可提供良好视野的外窗。

3）在楼梯间提供艺术化设计，包括但不限于：在楼梯间设置背景音乐系统，引入艺术品和明亮的颜色，并在楼梯间设置窗户或天窗以增加自然采光。

4）在楼梯外设置有鼓励引导使用的标志，鼓励个人增加楼梯使用量（这些标志应包括使用楼梯对健康有益的信息）。

5）对楼梯进行安全设计，包括但不限于：连续扶手、高对比度踏面（边缘荧光），以及使用适合的环境照明。

（六）室内环境

根据统计，人在室内的时间占到全天时间的 70%～90%，因此，室内环境质量与每个人的健康息息相关。

为了打造健康舒适的室内环境，本章节共计 9 个得分项，对于室内禁烟、防虫害、室内空气质量、污染物的控制、湿度的控制、无铅化设计和声环境都有设计指导。

（七）住宅单元

本章共计 4 个条款。主要通过优化室内视野、卧室遮阳、改善自然通风和采购防水耐潮建材，对住宅建筑的室内健康与宜居环境进行把控。

1. 优化室内视野

通过增强住宅中针对绿植、树木、水景等元素的可视程度，加强建筑中人与自然的接触与互动，对于缓解人的压力与维持精神健康起到有益效果。

2. 卧室遮阳

卧室需提供遮光效果达到 95% 的遮阳设施，有助于避免周边建筑夜景照明、城市光污染对于住宅建筑的干扰，增强睡眠品质。

3. 改善自然通风

住宅的所有外窗都需可人工操作启闭，以便于使用者依据个体热舒适需求控制室内环境和自然通风效果。

4. 采购防水耐潮建材

住宅内的厨房与卫生间的地面铺装、水池周边的墙面、淋浴及浴缸的墙面及顶棚需采用防水防潮材料，避免霉菌对人体的伤害。

（八）共享空间

本章共计 10 个条款。通过在共享空间引入景观、自然通风、热舒适、运动、食品等元素，从设计与运营多方面增强建筑公共空间的健康属性。

从优化自然通风与热舒适的角度出发，至少一半以上的公共空间外窗需可人工操作启闭。自然景观作为能够构造健康氛围、提升精神健康水平的重要设计手法，至少一半以上的常用公共空间面积需能够直接看到绿植、水景等元素。Fitwel 标准建议在建筑主出入口步行距离 800 m 范围内提供免费的健身房，便捷的健身房可激发人主动运动的动机，预防并缓解肥胖、肩颈不适等亚健康症状与慢性病。除了设计措施之外，Fitwel 标准还对物业运营团队提出要求，通过全面、详尽地规划精神、运动、保健等活动，提升使用者的健康意识与水平。

（九）水资源

本章共计 3 个条款。水是体内一切生理过程中生物化学变化不可少的介质，人体缺水可导致超重、高血压、糖尿病、过敏、哮喘等多种疾病。

1. 提供更多的饮水选择

在室内外公共场所提供直饮水、罐装饮水点不仅有助于提升使用者的饮水量，作为其他饮品的替代选择，本措施还可以潜在降低使用者对含糖饮料的摄入。同时，为便于所有使用者的公平使用，直饮水设备的高度、安装方式需满足 ISO 21542 或美国 ADA 无障碍设计标准。

2. 水质

定期的水质检测有助于及时了解水中病原体和污染物的浓度，对可发生的风险进行及时干预与处理，预防对健康的不利影响。Fitwel 标准建议每年至少一次对所有饮用水设备及设施进行水质检测，水质需能够满足国家现行相关标准及国际卫生组织对于饮用水水质的要求。

（十）饮食与营养

本章共计 3 个条款。饮食是人类维持生命的基本条件，合理、健康的饮食习惯更是保障人体健康的重要条件。Fitwel 标准建议在建筑主出入口步行 800 m 距离内部署便民基础设施，食品超市作为提供居民日常食品的主要设施，需至少 50% 的空间用于家用食品的准备与贩售，至少 30% 的空间用于提供新鲜食材如乳制品、新鲜蔬菜、鲜肉、鱼类等。同时，良好的食品健康宣传与管理政策也有助于营养、健康知识的普及，为社区使用者提供良好的健康氛围。

（十一）自动售货机、微型市场和小商业

本章共计 4 个条款。本章节主要针对社区中安装自动售货机及小吃销售点的情况，加强健康食品及饮料的管理，通过优化食品摆放布局、售卖的食品种类等方式，如将健康食品摆放在显眼的位置、将自动售货机的默认选项改为健康食品，潜移默化地影响建筑使用者对于食品的选择。除此之外，还可以通过价格激励的方式推广健康食品，如提供免费品尝健康食品的机会、健康食品打折销售等方式。

（十二）应急管理

本章共计 3 个条款。应急管理与规划有助于提升社区韧性，对于未来可能发生的风险进行提前预警与准备。

Fitwel 标准建议针对建筑的潜在紧急情况进行情景规划，建立应急小组，针对性地设置保护与应对措施，如设计疏散通道、提前规划避难场所等。

自动体外除颤仪作为可被非专业人员使用的用于抢救心脏骤停患者的医疗设备，可以提高患者的生存可能。Fitwel 标准建议在每户住宅及公共空间 150 m 步行距离内设置自动体外除颤仪，以便于抓住心脏性医疗事件的最佳抢救时间，增加患者的生存概率。

四、编制亮点

Fitwel 认证包括七个主要的健康类别，分别为：有氧活动、社区健康、员工健康、健康食品、室内环境、精神健康和水质。每个类别包含多个指标和标准，涉及建筑物、室内空气质量、健康饮食选择、交通、社区设施等方面。评价方法基于模块化、分步骤的评估方式，建筑物或场所需要达到每个类别的最低标准，以获得相应的评

价分数和等级。

Fitwel 认证是按照不同等级来划分的，包括一星级、二星级和三星级，这些等级代表了建筑物或空间的不同程度的健康性能。项目没有任何先决条件或最低门槛，但是项目必须达到至少 90 分才能获得 Fitwel 星级评定，90 ~ 104 分为一星级，105 ~ 124 分为二星级，125 ~ 144 分为三星级。

五、实施应用

截至 2022 年 11 月，Fitwel 已在全球超过 50 个国家和地区中的超过 1460 个项目中得到应用。这些项目涵盖了各种类型的建筑，包括写字楼、住宅、医疗机构、学校和零售商店等。此外，Fitwel 也在项目的不同阶段中得到了广泛的应用，包括规划、设计、建造和运营。

1. 北京 CBD 商务核心区中央公园项目

北京 CBD 商务核心区中央花园以循证研究为方法打造健康场地，从服务人群的需求点出发，通过近 70 条 Fitwel 标准策略和规章，融合城市生境花园、主动运动、都市参与性设计等理念，从城市生态恢复角度，关注建筑与环境关系的同时，重新搭建人与自然之间的纽带，提升城市生物多样性；从公共运动健康角度，鼓励主动的交通和健身方式，激发城市活力，提升建筑环境对于身心健康的正面影响。Fitwel 标准作为一项以设计为导向的健康引导法则，在设计之初注入适宜的理念与方法学，提升社群整体健康性与幸福感。

2. 爱情地产保定城市综合体项目

该项目通过都市参与性设计，提供高质量的居民聚会场所、增加社区内的交流，增强社区与自然的联系和社区连通性，提升居民的安全感、归属感和幸福感。项目的室外设计了四通八达的步道、自行车道、健身小径，提供了多个社区公园、社区活动场地以及邻里中心，打造舒适的社区会客厅，便于居民日常出行、沟通和交流。此外，项目团队还通过设置便利的运动设施、单方向长度超过 1600 m 的自行车道、沿社区主要干路和支路的人行道，以及超过 1600 m 的社区内健身小径，引导居民培养健康的生活习惯，在日常生活中进行主动运动、低碳出行，从而提升整个社区的健康风貌和活力。其中，人行道采用遮荫设计、路边设有便捷的饮水点和休息区，进一步提升了居民健身的舒适度。社区内包含大型的居住小区、商业广场、办公、酒店和公寓、学校和幼儿园以及丰富的社区配套设施，例如养老服务设施、邮政服务设施、生鲜超市、文化活动站、社区综合服务设施等，便于实现完整、紧凑型的社区发展，居民可以在

15min 步行圈内解决各类生活需求。项目周边步行范围内设有 6 个公交站共 14 条公交线路，为居民的绿色、低碳出行提供交通便利。

总之，Fitwel 已经在全球范围内得到广泛的应用，并且已成为建筑健康认证领域的重要标准之一。未来，随着人们对健康和幸福的关注度越来越高，Fitwel 将会得到更多的推广和应用。

作者：汪洪　续晨　王巍翔　梁华卿　刘璇
（中国建筑科学研究院有限公司）

参考文献

［1］叶荣贵.论住区室外环境之功能［J］.南方建筑，2004，（02）：12-14.

［2］齐丽艳，周铁军.健康思想在住区设计中的体现［J］.重庆建筑大学学报，2006，（01）：29-30，39.

［3］黄海静，陈纲.健康城市住区的热环境探析［J］.重庆建筑大学学报，2004，（06）：18-21.

［4］刘东卫，吴超.居住健康的生活空间环境——北京金地格林小镇健康住区［J］.建筑学报，2006，（04）：19-21.

［5］中华人民共和国中央人民政府."健康中国2030"规划纲要［R/OL］.（2016-10-25）［2020-08-11］.http://www.gov.cn/xinwen/2016-10/25/content_5124174.htm.

［6］中华人民共和国卫生健康委员会规划发展与信息化司.健康中国行动（2019—2030年）［R/OL］.（2019-07-15）［2020-08-11］.http://www.nhc.gov.cn/guihuaxxs/s3585u/201907/e9275fb95d5b4295be8308415d4cd1b2.shtml.

［7］晋露文.生活圈视角下既有住区文化体育设施配置策略研究［D］.西安：西安建筑科技大学，2019.

［8］王翔.既有住区外环境空间类型化及品质提升策略研究［D］.大连：大连理工大学，2016.

［9］商宇航，李汀珅.既有住区公共服务建筑适老化现状调查研究——以徐州市实态调查为例［J］.中外建筑，2014，164（12）：49-53.

［10］汪江，李世芬，郑非非.既有住区停车问题探讨［J］.华中建筑，2010，154（03）：103-105.

［11］中国城市科学研究会.《既有住区健康改造评价标准（征求意见稿）》意见的通知.［R/OL］.（2020-04-10）［2020-08-11］.http://www.chinasus.org/index.php?c=content&a=show&id=774.

［12］中华人民共和国中央人民政府网.稳步提升！2021年我国居民健康素养水平达到25.40%［EB/OL］.（2022-06-08）［2023-03-06］.http://www.gov.cn/xinwen/06/08/2022-content_5694585.htm.

［13］王清勤，邓月超，李国柱，等.我国健康建筑发展的现状与展望［J］.科学通报，2020，65（4）：246-255.

［14］顾逸平，刘瑞栋.浅谈上海市健康型建筑内墙涂料标准［J］.化学建材，1998，（5）：22.

［15］中国建筑科学研究院有限公司.T/CECS 10195—2022健康建筑产品评价通则［S］.北京：中国标准出版社，2022.

随着人们对于健康舒适居住环境的要求逐渐提升，健康建筑相关领域的科技研发水平亟须进一步加强。《"十四五"城镇化与城市发展科技创新专项规划》（国科发社〔2022〕320号）提出要不断满足人民群众对城市和建筑舒适性、健康性、功能性需求，提升建筑宜居水平，到2025年，城镇化与城市发展领域科技创新体系更趋完善，基础理论水平与创新能力显著提高，为新型城镇化提供更高质量的技术解决方案，有力支撑城镇低碳可持续发展。

基于上述发展趋势与相关政策支持，中国建筑科学研究院有限公司等机构广泛开展了针对建筑光环境、室内空气质量、智能家居、室内霉菌、流行疾病防控、健康建材、健康医院等领域的科学研究与技术研发，深化了健康舒适人居环境的定义与内涵，提升了健康建筑相关领域的科技水平。

建筑光环境提升技术发展趋势研究

光环境是人们进行工作学习的基础，也是人们进行娱乐活动的必要条件，与人的生活品质和生理心理健康密不可分。光环境对人体疲劳度、情绪感知等生理、心理因素也会产生较大影响。良好的建筑光环境可以提高人们的幸福感和舒适感，有利于创造适宜的工作环境。

随着照明技术的发展以及人们对光与人的身心健康影响研究的不断深入，提升建筑光环境，实现健康、舒适、高效的环境目标是未来发展的必然趋势。LED 照明光源自身性能特点为照明建筑一体化等新形态应用提供了条件，同时结合智能照明控制技术成为实现健康、舒适、高效照明环境的有效手段，综合考虑各类天然光利用和人工照明的光环境技术集成应用也是光环境提升的必然要求。

全文强制性国家标准《建筑环境通用规范》（GB 55016—2021）于 2022 年 4 月 1 日正式实施，建筑光环境作为其中一章，是构成建筑环境的重要组成部分。本文将在分析现有光环境理论研究和技术发展的基础上，分析标准实施的主要技术指标的保障措施，并对未来光环境应用发展趋势提出展望。

一、发展现状

（一）概述

建筑光环境聚焦于室内人员的视觉工效、舒适、警醒度和健康。从光环境理论发展来看，光环境研究经历了从视觉工效到视觉舒适性，再到健康光环境的不同阶段。传统光环境理论主要体现在视觉方面，发展较为成熟，主要包括视觉机理、颜色、视觉功效、视觉舒适等方面。

随着新型感光细胞（ipRGC 细胞）的发现，光的非视觉效应影响逐渐得到重视。光对人体的生物钟、瞳孔光反射、睡眠、警醒度等均产生影响，其中比较典型的就是对褪黑素的分泌的影响。随着研究的不断深入，研究者发现非视觉效应机理十分复杂，涉及多方面因素的共同作用。2016 年，国际照明委员会在标准中给出了基于 ipRGC 细胞光响应的标准计算方法。2018 年，中国建筑科学研究院有限公司开展了亮度分布对非视觉效应影响的研究工作。

非视觉效应理论的研究为光环境应用注入了健康照明的新内涵。从评价的角度来看，考虑到部分影响因素仍然处于研究阶段，尚未完全厘清其机理，因此目前在健康照明评价中，对光环境的非视觉效应更多侧重于光谱敏感性和照射强度的相关评价。根据目前研究进展，对非视觉效应产生影响的因素还包括光辐射的照射部位、照射时刻、照射时长和被照射人员年龄等多方面因素。

（二）国内研究进展

随着光对人的非视觉效应的影响理论以及照明技术的快速发展，健康照明越来越受到人们的重视。同济大学、复旦大学等团队开展了医疗、教育等场所的健康光环境研究；中国建筑科学研究院有限公司会同天津大学、中国建筑设计研究院有限公司、华东建筑设计研究院有限公司等单位承担了"十三五"国家重点研究计划项目"公共建筑光环境提升关键技术研究及示范"研究工作，开展了 LED 照明建筑一体化、健康照明以及智能照明等研究，并进行示范应用，取得了一定的成果。

1. LED 照明建筑一体化技术

照明建筑一体化是针对建筑功能需求和空间特征，将照明装置与室内界面和构件、设施有机结合，在满足传统照明要求和美学要求基础上，具备"光环境提升、空间功能强化、空间利用优化、用能效率提高、施工工业化"的能力，实现舒适与健康照明的创新性照明方式。照明建筑一体化技术体系包含在设计、产品、施工、检测等层面的改革和创新，通过设计集成、构件集成、功能集成、安装集成、信息集成等方式实现。根据现有健康照明理论成果，人们在白天的部分时段需要高照度来充分抑制褪黑激素的分泌，采用传统顶部照明手法会使得成本和能耗大幅提高，而照明建筑一体化的照明手法则可以改善这一问题，从而可以为局部高照度的需求创造条件。研究团队在 LED 广泛应用的背景下，应 LED 与建筑更好地有机结合所需，针对设计方法、技术体系滞后的问题，提出了基于 BIM 和多目标协同优化的 LED 照明建筑一体化设计新方法，构建了涵盖设计、施工、检测及评价的 LED 照明建筑一体化技术体系。

2. 健康照明技术

健康照明是指基于视觉和非视觉效应，改善光环境质量，有助于人们生理和心理健康的照明。健康照明的核心内涵是以照明技术与智能控制技术的有机结合作为技术手段，以因人、因时、因地合理控制照度及其分布作为控制策略，根据人的节律和健康需求，创造"安全、高效、有益身心"的健康照明光环境。针对健康照明的评价存在机理不清、基础数据不足、健康光环境理论体系不完善等问题，研究团队通过开展适应亮度、光环境参数与视疲劳关系、中国人群非视觉效应机理和评价模型、人基动态光环境设计评价等研究，完善了照明舒适度评价模型，初步构建了基于非视觉效应的健康、舒适、高效的人基动态光环境解决方案。

3. 智能照明技术

智能照明是利用计算机、网络通信、自动控制等技术，通过对环境信息和用户需求进行分析和处理，实施特定的控制策略，对照明系统进行整体控制和管理，以达到预期照明效果。智能照明应用重点满足以下几个方面的需求：①通过智能照明控制满足光环境因人、因时、因地、因需动态变化需求；②实现精准控光、按需照明，在运行阶段进一步降低照明能耗；③充分利用大数据、云平台手段实现照明精细化管理与建筑系统的联动等。研究团队基于研究成果提出了基于行为模式与功能需求的建筑智能照明系统设计评价方法，实现了一种具备大数据处理能力的智能照明控制策略算法、系统安全性设计和可靠性测评新方法，形成了一套统一的基于云平台的智能照明系统标准化数据格式。

4. 光环境标准体系

标准化对经济、技术、科学和管理等社会实践有重大意义，我国现行光环境标准对光环境的产品、设计、评价等提出了具体要求，在营造健康、舒适、高效的光环境方面发挥了无可替代的作用，为光环境质量的保障做出了重要贡献。而随着新技术的逐步应用以及健康照明新理论的进一步成熟，传统光环境标准体系愈发难以满足工程实践的需求。针对工程应用中反映的各项问题，研究团队开展研究工作，完成了一系列涵盖产品、设计、调适和测试等各环节的标准，在我国原有光环境标准体系的基础上，进一步完善了建筑光环境提升的全过程标准体系。

上述研究成果包括：国际标准《光与照明——建筑照明系统的调适》（ISO/TS 21274：2020）、国家标准《建筑照明设计标准》（GB 50034—2013）等标准的制定、修订工作，以及《建筑环境通用规范》（GB 55016—2021）光环境章节技术内容的最终确定，为我国光环境应用发展提供了重要的技术支撑。

二、标准分析

（一）主要标准介绍

视觉光环境作为健康光环境的重要组成部分，经过长时间的发展和实践，形成了较为健全的标准体系；而对于非视觉光环境，在经过国内外相关研究的基础上，标准化工作也取得了一定的进展。我国现行与光环境保障相关的主要应用标准见表4-1-1。

表4-1-1　我国现行与光环境保障相关的主要应用标准

标准名称	适用范围
《建筑照明设计标准》 GB 50034—2013	新建、改建和扩建以及装饰的居住、公共和工业建筑的照明设计
《建筑采光设计标准》 GB 50033—2013	利用天然采光的民用建筑和工业建筑的新建、改建和扩建工程的采光设计
《绿色照明检测及评价标准》 GB/T 51268—2017	新建、扩建和改建的居住建筑、公共建筑、工业建筑、室外作业场地、城市道路、城市夜景等室内外绿色照明的检测与评价
《绿色建筑评价标准》 GB/T 50378—2019	民用建筑绿色性能的评价
《健康建筑评价标准》 T/ASC 02—2021	民用建筑健康性能的评价
《建筑环境通用规范》 GB 55016—2021	新建、改建和扩建民用建筑及工业建筑中辅助办公类建筑的声环境、光环境、建筑热工及室内空气质量的设计、检测及验收

国家标准《建筑采光设计标准》（GB 50033—2013）说明了建筑采光的基本规定、各场所的采光标准值、采光质量、采光计算以及采光节能等，该标准对建筑采光设计的基本要求和推荐做法进行了系统性规定。国家标准《建筑照明设计标准》（GB 50034—2013）说明了建筑照明的基本规定、照明数量和质量、照明标准值、照明节能、照明配电及控制等，为适应技术的快速发展以及光环境提升的需求，该标准已开展全面修订工作。这两本标准作为建筑光环境设计的指南，已被各级相关标准广泛引用，对于指导建筑光环境的设计、引领行业健康发展做出了重大贡献。

国家标准《绿色建筑评价标准》（GB/T 50378—2019）和团体标准《健康建筑评价标准》（T/ASC 02—2021）的光环境章节则强调对建筑光环境的绿色性能和健康性能的评价。

国家标准《建筑环境通用规范》（GB 55016—2021）为全文强制性标准，在《建筑采光设计标准》（GB 50033—2013）、《建筑照明设计标准》（GB 50034—2013）、《城市夜景照明设计规范》（JGJ/T 163—2008）、《绿色建筑评价标准》（GB/T 50378—2019）、

《玻璃幕墙光热性能》（GB/T 18091—2015）等标准的基础上，总结凝练了保障建筑光环境质量的底线要求。该规范较为系统地对建筑红线范围内的光环境基本要求作出规定，包括采光设计、室内照明设计、室外照明设计以及建筑光环境的检测与验收等，首次从强制性条文的角度要求光环境在设计阶段综合考虑天然采光与人工照明的协调，对于推动建筑光环境质量的进一步提升具有重要意义。该规范中建筑光环境主要评价指标如图 4-1-1 所示。

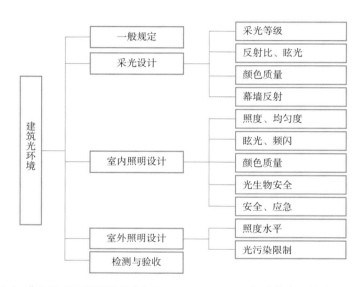

图 4-1-1 《建筑环境通用规范》（GB 55016—2021）建筑光环境主要评价指标

从标准技术内容来看，《建筑采光设计标准》和《建筑照明设计标准》技术内容的规定更为详细，适宜设计人员进行建筑光环境专项设计所使用；而《建筑环境通用规范》则对保障建筑光环境质量的技术要点进行系统性规定，更适用于在光环境应用实践过程中确定设计红线要求以及开展光环境质量的监管。

（二）重点指标分析

针对《建筑环境通用规范》规定的主要技术指标，本节将重点对采光等级、幕墙反射光污染、光生物安全、频闪以及室外照明指标进行分析。

1. 采光等级

根据不同视觉活动的特点和需求，我国确立了五个采光等级，并对各个等级对应的采光系数和天然光照度进行了规定。针对采光等级，规范规定了其确定原则、不同采光等级对应的采光标准值以及修正系数。根据天然光的视觉实验，随着识别对象尺寸的减小，能看清识别对象所需要的照度增大，即工作越精细，需要的照度越高。在进行采光等级确定时，需要以此为原则，考虑建筑功能和视觉活动特点，常用场所的采光等级要求已经在《建筑采光设计标准》中列出，设计人员可以直接选用。而对于标准未列出的场所，则可以根据视觉活动的相似性，选取适宜的采光等级。需要注意的是，由于中国地域广阔，不同地区的光气候差异性较大，因此在进行光环境设计时，需要对采光系数进行修正，即将采光标准值表格中的采光系数标准值乘以光气候系数。

2. 幕墙反射光污染

玻璃幕墙在我国城市中逐步展开应用，如若设计不当，其反射光会带来负面影响，个别项目甚至会造成对周边环境的光污染，对道路交通安全和人们正常工作生活造成干扰。为营造健康舒适的人居环境，规范对幕墙光反射的要求进行了规定。包括在居住建筑、医院、中小学校和幼儿园周边，以及路口、交通流量大的区域设置玻璃幕墙时，均需要进行玻璃幕墙反射光的分析，并满足反射光的相应限值要求。目前对于玻璃幕墙光污染分析，已有较为成熟的计算机软件可供评估使用。此外，在设计时尤其需要注意异形幕墙可能产生的聚光影响（例如凹面的应用），有必要对其潜在危害进行充分评估，避免由于聚光所引起的光热效应带来严重后果。

3. 光生物安全

根据国家标准《灯和灯系统的光生物安全性》（GB/T 20145—2006），光生物安全性涵盖了对皮肤和眼睛的光化学紫外危害、对视网膜的蓝光危害、对眼睛的近紫外和红外辐射危害以及对视网膜的热危害等。对于室内照明特别是对 LED 照明来讲，由于其发光机理，重点对照明产品的蓝光危害进行考核。需要注意的是，当采用紫外激发的 LED 灯具时，同样需要重视光源对于眼睛的近紫外危害。根据现有研究，不同年龄人员的眼睛光谱透过率存在显著差异，特别是儿童和青少年的短波光谱透过率显著高于成人，过量短波光辐射对于该群体产生的危害也将更大，因此相应场所采用照明产品的光生物安全要求也更为严格，即应选用无危险类（RG0）的灯具。对于光辐射的低剂量长期暴露对于视网膜的危害目前尚不明确，仍处于研究当中。

4. 频闪

规范中对于频闪的要求包括闪变指数和频闪效应可视度两个指标。其中闪变指数是衡量光源可见闪烁程度的指标，对于所有的场所，均需要做到无可见闪烁，即闪变指数不大于 1。

国际照明委员会（CIE）推荐采用频闪效应可视度（SVM）对不可见频闪进行评价，频闪效应可视度描述了光输出频率在 80 ~ 2000 Hz 的不可见光波动的程度。根据现有研究，相同条件下随着照明光源 SVM 数值的增加，人们的视觉疲劳程度呈现显著增强的趋势；考虑到儿童及青少年对于频闪更为敏感，危害也更大，照明产品若选择不当，长期使用会引起视疲劳、青少年近视甚至偏头痛等严重后果，因此有必要对其进行限制。规范优先考虑对于儿童和青少年长时间学习或活动场所选用光源和灯具的频闪效应可视度进行限制，即不应大于1.0。照明产品的该数值越小越好，从设计角度考虑，对于成人长时间停留场所，该限值可以适当放宽，但不宜大于1.3。

在设计过程中，对于大量采用小功率LED灯具的场所，其照明频闪往往不好控制，这种情况下可以考虑选用LED恒压直流电源或直接采用直流供电，更加方便有效降低照明频闪。

此外，对于光环境对人的非视觉效应，国内标准化领域已经开始探索相应的设计评价方法。团体标准T/ASC 02《健康建筑评价标准》自2016版起，已经将生理等效照度作为衡量室内光环境的非视觉效应贡献的评价指标。生理等效照度为根据辐照度对人的非视觉系统的作用而导出的光度量，其计算方法与国际标准CIE S 026：2018一致。与此同时，团体标准《地下空间照明设计标准》（T/CECS 45—2021）首次考虑了人眼非视觉效应的空间响应特性，根据相关研究成果，对人眼B40区域（图4-1-2）的生理等效照度进行了规定，从而维持地下空间长时间作业人员的正常生命节律。

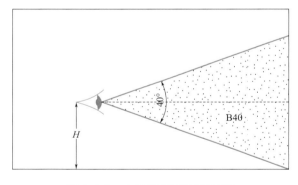

图 4-1-2　人眼 B40 区域示意图

三、技术发展趋势

照明应用逐步从绿色照明走向健康照明，建筑光环境不仅要满足《建筑环境通用规范》所规定的底线要求，还需要考虑对于建筑光环境的提升要求。光环境的提升需要光因人、因时、因地、因需动态变化，照明逐步从工作面照明走向空间照明，这就对照明光环境的评价和设计提出了革命性的变化要求。主要呈现以下几方面的趋势。

1. 从单目标控制走向多目标控制

在过去几十年中，主要工作集中在视觉光环境的研究，并形成了成熟的技术体系。

而随着非视觉效应的发现及其对于人体健康的影响研究的深入，光环境的设计和评价不再局限于视觉光环境，还需要同时考虑影响人体健康的非视觉因素。从视觉通路来讲，照明应用需要考虑视觉安全、视觉舒适和视觉工效等；从非视觉通路来讲，照明应用需要考虑光对于人体激素分泌水平的影响等。从不同细胞光谱敏感性可以看出，不同光谱的光源对于视觉效率和褪黑素抑制效果存在较为明显的差异。

2. 从表面光环境走向空间光环境

视觉光环境的设计目标在于照亮视看对象，通过视看对象的反射光来实现人眼的视觉功能。对于建筑室内功能照明来说，更多的是照亮工作面，即满足表面照度的需求。然而对于非视觉光环境来说，设计目标发生一定程度的变化，即要求直接进入人眼的光线满足要求，从而实现光对于人体生命节律的调节，这就对空间垂直照度的分布提出了相应的要求。

3. 从静态光环境设计走向动态光环境设计

在一天中不同时刻光照对于人体生命节律的贡献和需求有所不同，例如白天需要充足的光照来保证褪黑素的充分抑制，而晚上则需要限制进入人眼的光来避免褪黑素的过分抑制引起生物钟的延迟。因此，非视觉照明设计需要考虑在不同时刻营造出特定刺激效果的动态光环境，这与传统照明设计基于特定空间单一标准值的设计方法存在较大差异。同时考虑到非视觉效应的光敏感特性，未来的照明设计将通过调节光照强度和色温来实现不同时刻的动态照明需求。

为应对上述趋势，一方面需要对传统照明方式和设计方法进行变革，照明设计不再局限于传统特定位置的灯具布置，其布置需要为营造良好的空间光环境提供基础保障，兼顾美观和功能的照明建筑一体化的设计是实现该目标的一项重要手段；另一方面，为保证预期的动态光环境效果，需要相适应的照明控制策略和智能照明技术为动态光环境的实现提供技术支撑。

四、标准发展趋势

当前对于光的非视觉效应的标准化工作仍处于起步阶段，尚缺乏系统性，存在很大的提升空间，需要进行进一步的丰富和完善，综合考虑视觉和非视觉效应的健康照明光环境完善标准体系仍需要开展大量的研究工作，具体包括以下几方面。

1. 完善基于多目标的光环境应用标准体系

当前光环境标准体系主要还集中在视觉照明光环境领域，基于非视觉效应的光环境技术要求仍然缺乏。因此需要对产品、设计、施工、验收及运行维护等各个环节的技术内容进行补充，从而建立起综合考虑视觉和非视觉效应的光环境提升标准体系。

2.进一步开展基于我国人群的非视觉效应机理研究

目前完成的非视觉效应的研究已证明光对于人身心健康具有显著影响，然而非视觉效应与身心健康的影响内在机理仍然未得到完全揭示。因此，需继续开展相应研究工作，全面了解非视觉效应的发生机理，作为健康、舒适、高效的光环境提升的重要理论基础，为基于非视觉效应的照明应用提供依据。

3.完善光环境舒适度评价体系

一方面，LED 在照明领域的广泛应用使得光源特性发生一定程度的变化；另一方面，基于非视觉光环境的设计将会使得照明方式和光环境空间发生较大变化，例如照明建筑一体化的应用使得建筑空间亮度分布发生变化。为适应这种变化，需要对传统舒适度模型进行修正完善。

4.开展基于采光照明一体化的动态光环境设计评价方法的标准化研究工作

根据人体的生物节律，进一步研究一天中不同时段人体对光环境的响应曲线及需求效应，以标准化手段提出适宜不同人群健康的光环境控制参数和基于非视觉效应的动态光环境设计、评价方法，从而使得动态光环境设计与评价有据可依。这也将使得天然光利用与人工照明建立更为紧密的联系。

作者：赵建平[1,2] 高雅春[2] 王书晓[2] 罗涛[2]

（1.中国建筑科学研究院有限公司建筑环境与能源研究院；

2.建科环能科技有限公司）

AIoT 智能家居技术发展趋势研究

一、研究背景

人工智能物联网（Artificial Intelligence of Things，AIoT）是 2018 年兴起的概念，是指将人工智能（AI）技术与物联网（IoT）基础设施相结合，以达到更高效率，改善人机交互，增强数据管理和分析。该技术最典型的应用领域为智能家居，以住宅作为主要应用平台，以家庭网络和各类智能终端作为基础，通过集成人工智能、自动控制、网络通信、音视频、信息安全等技术，构建智能化的住宅设施与家庭事务管理系统，实现家居设施的智能控制功能，提供数字娱乐、智能安防、健康服务等应用服务。

随着人们对室内环境要求越来越高，从过去的冷热舒适，到如今的温湿平衡、室内净化、设备节能、环境友好等，使得室内空气智慧控制的需求日益激增。2020 年，AIoT 智能家居首次在中国国际进口博览会上亮相，由松下推出的松下智感健康空间将 AIoT 技术与空气调节系统进行结合，AI 根据历史数据设置舒适的睡眠空间（照明、室温、湿度、气味），监测分析用户的心率、呼吸频率和睡眠阶段，为其提供最佳的生活空间，实现了全屋末端空气设备智能控制。同年，由于 5G 商业化与新基建的广受益效应，促使 AIoT 技术与智能家居融合进入新阶段，开启了 AIoT 智能家居的技术、产品、场景、体验等全方位技术重塑，赋予了该领域全新的研发生态、产业特征与产品定位。

二、研究内容

（一）Umesh网络技术

随着全屋智能设备不断增多，设备对 WiFi 网络带宽、功率的要求和依赖也越来高。由于当前国家对设备初始无线发射功率存在限制，路由器设备无法通过无限制增加路由器发射功率来提高信号穿墙能力，覆盖房屋的死角；同时，路由器设备发射功率在穿越不同障碍物时会产生 140 dB 的损耗，只能通过增加路由器设备来覆盖更多家庭设备。此举需要额外配备电源，增加了用户成本和检修的复杂度。上述原因导致当前市场上常见路由器难以对全屋智能设备实现网络全覆盖。

针对上述智能家居网络问题，自组织网络（uMesh）作为 AliOS Things 核心组件之一，通过完善自身原生自组织网络能力、本地互联互通能力，保证云端数据通信的完整性和机密性。自组织网络（uMesh）包括 UMesh-WiFi mesh 和 UMesh-BLE mesh 两部分，具有自组网、自修复、快捷入网等特性，房屋边缘地带设备可通过中间节点连接到路由器，有效满足众多 WiFi 设备和 BLE Mesh 设备的 IoT 接入需求，适用于需要大规模部署且对设备节点有安全性需求的场景，如智能家居、智能照明、商业楼宇等场景。

（二）家居物联网标准化

5G 时代的数据是全面的实时数据，人与人、人与物、物与物之间有着充分的连接。统一的行业标准、统一的规范和协议是推动技术发展和应用落地的关键环节，然而 AIoT 两大核心技术 AI 和 IoT 本身的标准化工作仍不十分完善，因此作为融合物，AIoT 的标准化工作显然面临诸多问题和挑战。由于 AIoT 技术背景下的企业间商业利益冲突，智慧家居存在细分领域市场渗透率低、技术方案标准不统一等问题。截至当前，已发布和在研典型物联网应用类国家标准见表 4-2-1。

表 4-2-1　已发布和在研典型物联网应用类国家标准

序号	标准号	标准名称	分类
1	GB/T 37733.1—2019	传感器网络 个人健康状态远程监测 第 1 部分：总体技术要求	个人消费型
2	GB/T 37733.2—2020	传感器网络 个人健康状态远程监测 第 2 部分：终端与平台接口技术要求	
3	GB/T 37733.3—2020	传感器网络 个人健康状态远程监测 第 3 部分：终端技术要求	
4	GB/T 37976—2019	物联网 智慧酒店应用 平台接口通用技术要求	公共服务型
5	GB/T 36620—2018	面向智慧城市的物联网技术应用指南	
6	GB/T 37694—2019	面向景区游客旅游服务管理的物联网系统技术要求	

（续）

序号	标准号	标准名称	分类
7	GB/T 36346—2018	信息技术 面向设施农业应用的传感器网络技术要求	
8	GB/T 37693—2019	信息技术 基于感知设备的工业设备点检管理系统总体架构	
9	GB/T 37727—2019	信息技术 面向需求侧变电站应用的传感器网络系统总体技术要求	
10	GB/T 36330—2018	信息技术 面向燃气表远程管理的无线传感器网络系统技术要求	工业制造型
11	20193197-T-469	物联网 面向智能燃气表应用的物联网系统总体要求	
12	20194192-T-469	物联网 陆上油气田生产系统技术要求	
13	20194193-T-469	信息技术 传感器网络 爆炸危险化学品贮存安全监测系统技术要求	

2021年5月，由亚马逊、苹果、ZigBee等联合发起的CSA联盟正式发布Matter智能家居开源标准项目。该项目基于成熟技术和IP的统一连接协议，连接和构建可靠安全的IoT生态系统，作为连接标准新技术致力于实现智能设备间在通信时免收专利使用费。与此同时，国内OLA联盟自成立以来，已初步建立相应标准体系，逐步搭建安全的保障体系和高效的运维体系，实现网络、数据、应用和服务的深度融合，拓展智能互联的领域，促进构建更安全、更智能、更高质量的万物智联产业群。未来，智能家居将基于物联网技术对智能家居品牌进行信息整合，制定一系列适应行业生产的标准化协议，朝着协议标准化的方向发展。

（三）家电快连技术

Wi-Fi技术作为无线网络协议中的一种，自1997年开始，IEEE802.1协议簇针对Wi-Fi便制定了一系列对应标准。随着Wi-Fi技术的不断成熟，从低速到高速，从家用智能插座，到高清4K图像传输，都有Wi-Fi技术的应用。Wi-Fi配置绑定是家电智能的第一步，家电必须要连接网络并且建立用户与家电的关系后，才能实现对家电的控制。传统配置绑定由于流程复杂、绑定迟缓、引导复杂等问题的存在，时常导致Wi-Fi设备绑定失败。

针对上述问题，家电快连技术制定了自动配网方案。该技术默认设置新家电为永久可发现模式，在上电30 min内，BLE发现，一键连接；上电30 min后，BLE发现，靠近连接，无需进行手动配置。在用户管理端，各大品牌方研发家电控制系统，保证家电管理的便携性。

（四）毫米波雷达技术

毫米波雷达作为非接触式传感器的一种，能够利用人体表面微动信号提取人体生命体征信息，被广泛应用在抗震救灾、健康检测和安全防控等领域。毫米波一般指频率在 30~300 GHz 之间的电磁波，频率极高，故毫米波在穿透杂质方面的能力很强。毫米波根据物体回波、发射信号之间的频率差，经过信号处理，雷达便可得出目标距离、速度和角度等多重信息。

毫米波雷达技术基于毫米波传播特性，推出全姿态识别无线感知方案，可实现室内场景中轨迹定位、人数监测和人体全姿态识别（站、坐、躺、倒）等操作。通过毫米波信号捕捉姿态形成精确 3D 点云成像，AI 算法映射成抽象模态，便可有效分辨成人、孩童、宠物、干扰等反射波信息，具有静止姿态辨识能力。与此同时，该技术推出呼吸心率、生命体征监测方案，当老人在睡眠期间出现呼吸暂停或心率非规律变化时，及时报警使看护人或值班医生介入，防止意外情况发生。同时，监测期间对呼吸、心率等数据进行后台综合分析，早防早治潜在疾病，保障老年人的身心健康。

（五）全屋神经元网络技术

进入 20 世纪 80 年代后，人工神经元网络（Artificial Neural Network，简称 ANN）兴起，作为基于人脑结构和功能的新学科，可用于人工智能、模式识别、生物仿真、智能家居等领域。据权威机构发布的数据，2017 年全世界范围内物联网设备的数量已达 20.35 亿台，预计在 2025 年可达 754.4 亿台。在图像识别领域，深度卷积神经网络模型应用最为广泛，由于该技术具备稀疏连接、权值共享和下采样等特性，图像识别已成为人工智能领域的应用前沿技术。

全屋神经元网络技术基于全屋神经元末端监控策略，跨越空间维度对用户轮廓、轨迹等进行数据采集、无感化感知，尝试理解对象意图。在技术后台持续学习用户习惯，便于提供主动服务。当前，该技术已成功应用于家居场景中的冰箱、电热水器、浴霸等家用电器，可进行相关环境、人体信息的数据采集与分析，实现了全屋数据的互联互通。

（六）边缘计算技术

家庭场景中，完全依赖云计算进行数据传输和处理将会造成巨大的网络延迟。边缘计算可在边缘节点处理数据，有效减少传输和处理的数据量。随着物联网、5G、AI、

AR/VR 等技术推进以及边缘计算技术的大量应用，智慧家居将从"单点智能"升级为"场景智能"和"全屋智能"，智能家居系统场景化解决方案将成为这一领域的新方向。智能家居边缘计算应用流程较云计算技术具有以下优势：

1）计算过程将家庭、私人数据全部或部分进行本地存储，对需要传输至云端的数据进行预处理和数据脱敏，降低数据传输过程中泄露的风险。

2）利用边缘计算对数据就近处理，满足家庭中对宽带、延时等高要求的场景，提高数据传输的效率和稳定性。

3）通常情况下，边缘计算和云计算可以互相补充。当家庭网络失效时，边缘计算依旧可以进行家庭设备的本地控制。

（七）人机交互技术

智能家居针对住宅场景，通过物联网技术连接家居设备，进行家电控制、远程控制、环境监测、危险预警、安全监控等多种智能化操作。为使用户获得个性化、定制化的智能服务，全面理解用户意图，与用户进行沟通，满足用户的需求，人机交互技术的作用是至关重要的。用户可以不受空间与时间限制，实现家居控制端的智能连接。人机交互技术为人机交互系统的正常运行提供便利条件，同时，为控制智能家居奠定了基础。

全屋空气系统可将温度、湿度、CO_2、$PM_{2.5}$、TVOC、甲醛等室内常见参数进行可视化展示。用户可根据实际条件、个人喜好度等对室内参数进行手动或语音控制。与此同时，当交互系统检测到环境中的某些变量超标时，可自行决策，联动相关家电进行治理。全屋灯光系统收集用户作息、工作时间等基本信息，提前开启灯光、窗帘等，让用户切实感受到智能家居带来的幸福感。

（八）智慧节能技术

AIoT 技术在室内布置大量传感器、无线发射器、控制器，实现物物相连、提高设备运行效率的同时也给建筑能耗带来更多负担。目前我国建筑运行能耗已达发达国家建筑能耗的 35%~40%，其中有超过 50% 的能耗用于室内环境的营造。随着国家"碳达峰与碳中和"目标的提出，物联网智慧节能技术以物联网技术为核心，不断推动计算机技术的更新换代、算法升级和基础感知，提升系统的节能性。物联网节能技术未来发展最大的特点是打破过去单一的节能系统，实现系统间的智慧融合。例如将空调、空气净化器、加湿器等通过传感器与智慧控制系统进行连接，搭建智慧空气节能系统。

智慧节能技术不断更新节能技术，定制智慧节能场景。通过室内传感器监测室内空气参数并上传至云端，联动室内空调，控制新风智慧启停。以夜间智慧温控技术为例，当夏季夜晚室外温度较低时，用户习惯将空调关闭并将窗户开启。智慧节能技术通过实时获取室外温度，当室内外温差达到 ±1℃时，主动关闭空调并将室外空气引入室内。智慧节能技术在保障室内舒适的同时，降低了用户用电量。

三、研究展望

AIoT 智能家居技术适用于有一定经济基础、追求品质生活的用户。该技术既满足了老人、小孩等特殊人群的环境需求，又满足了客厅、卧室、地下室等不同的居家场景空气环境需求。未来，该技术将在以下三个方面作进一步提升。

1. 拉动相关产业经济价值，提高产品附加值

在政策扶持和 AIoT 技术日益成熟的条件下，相关产业发展稳步推进，企业发展态势良好。AIoT 智能家居技术将整合全屋空气设备的空气调节技术，将单一功能转化为系统化、场景化调节技术；将应用全屋智慧操控技术提升空气调节设备操控的便捷性；将协同国家权威机构深度研究不同人群、地域、空间的空气标准，以提供更多优秀案例与技术支持；将进一步优化产业设计与客户服务能力，为用户定制个性化生活空间，提供系统化的设计图、施工图、效果图。

2. 融入多项技术，驱动传统产业变革

随着 5G 产业链的逐渐成熟，产业链上下游之间不同赛道间的企业相互渗透，相关企业间的竞争日益激烈。AIoT 智能家居技术将改变传统家居设备单品控制的模式，驱动传统产业变革，提供空气智能舒适新思路，整合全屋空气智慧调节能力，推动智能家居行业的精细化操控发展，使得空气设备行业的设计、安装、调试基本能力得到进一步提升与发展。

3. 构建全球通体系，推动全球本土化发展

智能产品的性能是全球人民所看重的。在海外，实现产品的销售仅是浅层次的全球化，而深层次的全球化必须本土化。通过重视当地的文化风俗、商业习惯、法律法规等，充分了解当地用户的需求和痛点，深入思考用户对智能家居产品需求背后的动机、情感和意识形态。在生态建设、技术创新和对外扩张等方面搭建清晰完善的发展战略布局，才能推动全球本土化的优质发展。

作者：程永甫　劳春峰　王晓燕　付光军　王德龙

（青岛海尔空调器有限总公司）

厨房油烟控制及其噪声问题研究

一、研究背景

中国人的烹饪方式非常丰富，有些烹饪方式会产生较大的油烟，如爆炒、煎炸等，需要好的吸油烟设备来处理。然而市面上部分吸油烟机吸烟效率低、噪声大，难以满足中式厨房的吸排油烟需求。在油烟机还没有普及之前，厨房里的排烟设备主要是靠装在窗户或墙上的排风扇来解决。排风扇可以抽掉厨房里的大部分油烟，但是油烟没有经过过滤处理，在排出室内之前已经与厨房空气混合，被人体吸入；且传统排风扇无降噪处理，工作噪声大。

烹饪产生的油烟吸入一定量后会对人体产生一定的负面影响。当油烟入侵人体呼吸道时，可引起食欲减退、心烦、精神不振、疲乏无力等症状，医学上称之为"油烟综合征"。油烟颗粒会堵塞皮肤毛孔，导致皮肤粗糙干燥，出现皱纹色斑、掉头发等问题；油烟中的脂肪氧化物会引发心血管、脑血管等老年性疾病；油烟会引起眼、鼻、呼吸道等器官病变，影响儿童正常的生长发育。油烟中的丙烯醛有强烈的刺激作用，可引起慢性角膜炎、鼻炎、咽喉炎、气管炎、肺炎等疾病，已引起人们的高度重视。

随着吸油烟机的普及，厨房油烟抽排有了一定改善，但对于中式烹饪产生的重油烟很难彻底清除，致使厨房在装修时必须使用分隔门来阻断油烟。此外，吸油烟机工作噪声比较大，工作噪声普遍高达70分贝以上，成为现代厨房里一个新的噪声污染源。

目前市场上吸油烟机主要有顶吸式油烟机、侧吸式油烟机、集成灶等。集成灶的吸油烟方式是从灶台侧面吸烟，与侧吸式油烟机基本类似，不另论述。顶吸式油烟机也叫欧式油烟机，外观造型漂亮，吊挂式安装，与吊柜家居一体设计，适合现代装修风格。顶吸式油烟机早期是针对欧洲人的烹饪习惯设计，由于欧式烹饪油烟相对较少，对油烟机吸烟要求不高，所以顶吸式油烟机的吸力相对较小。

侧吸式油烟机也叫近吸式油烟机，是在墙体侧面安装，吸烟口接近烹饪锅具位置，烹饪时产生的油烟能第一时间被吸走，吸油烟效果较顶吸式油烟机好。但由于烟机只有侧面吸烟口，当爆炒时，腾起的油烟来不及吸排，上方没有拢烟舱，会有一部分油烟逃逸，吸不干净。有些产品虽然进行了改进，增加了拢烟板，起到一定的拢烟效果，但拢烟板会影响用户操作视线，有压抑感。另外，侧吸式油烟机的工作噪声也比较大。

二、研究内容

炒菜过程以青椒炒肉丝为例，在爆炒时油烟较大，研究烹饪油烟具有一定的代表性。炒菜过程油烟分布图如图 4-3-1 所示，横坐标是炒菜过程步骤，用时间表示；纵坐标是炒菜过程产生的油烟量，用 $PM_{2.5}$ 数值表示，数值越高，油烟越多。首先是热油，油被加热时慢慢地从锅底腾起，当油温超过 200℃时，会有大量油烟生成，以离散状聚集在锅具附近，油烟容易被侧吸风口吸走。第二步是倒菜，由于是热锅热油，倒菜瞬间会产生大量升腾的油烟，油烟上升速度比较快，侧吸风口吸烟后，仍有部分油烟逃逸到上方，这时需要顶部吸烟口配合吸排余烟。第三步是爆炒，爆炒时油烟大量分布在锅的上部，离散在四周，侧吸风口可以吸收大部分油烟，剩余腾起的油烟集中到顶部，顶部吸风口及时捕捉，减少油烟扩散外逸。第四步是翻炒，油烟的产生和升腾没有那么迅速，离散的油烟主要从侧吸风口排走。最后是菜出锅，完成一个完整的炒菜过程。

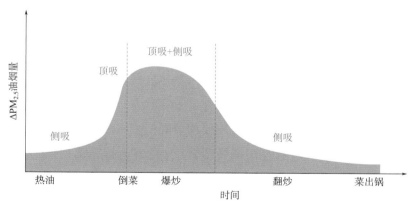

图 4-3-1　炒菜过程油烟分布图

通过炒菜过程油烟分析可知，在炒菜过程中油烟浓度随时间的不同而变化，需要不同的侧风口和顶风口配合，才能将油烟吸除干净。如果仅是侧吸风口或顶吸风口会存在各自的盲区，有一部分油烟逃逸。

侧吸式油烟机或顶吸式油烟机在提高吸油烟效果方面做了部分改进，如提高风量、增加风压等，吸油烟效果有所改善，但伴随而来的是工作噪声也更大。

顶侧双吸低噪声油烟机，吸油烟效果好，运行安静，称为瀚油烟机。瀚油烟机针对油烟吸排能力、工作噪声、清洁便捷度等问题，分别从油烟机的吸烟系统、风机动力系统、油脂净滤系统和噪声工程等方面进行了研究。

1. 顶侧双吸抽烟系统

吸烟口位置是油烟机吸油烟效果好坏的关键因素之一。瀚油烟机改变传统单一的侧吸或顶吸风口布置形式，将机器整体设计成"7"字形结构，在顶面和侧面分别布置吸风口，外观如图 4-3-2 所示。基于炒菜油烟测试数据分析及模拟计算，结合油烟升腾不同高度的烟量分布规律，科学分配侧面和顶面的风口风量。在油烟产生和升腾的过程中，每个风口根据油烟浓度，调配最佳风量，把油烟消除在各自管理的黄金控烟区内。油烟机两侧的翼板设计有一定高度尺寸，与"7"字形机身形成有效的拢烟舱。在爆炒时，大量油烟在升腾到一定高度后就会扩散，拢烟舱可以有效防止油烟从两侧逃逸，顶吸风口及拢烟舱如图 4-3-3 所示。由于瞬间油烟量增多，拢烟舱能起到短时蓄烟效果，待风道排烟缓解后，剩余油烟再被顶风口抽排走。

图 4-3-2 瀚油烟机外观图

图 4-3-3 瀚油烟机顶吸风口及拢烟舱

2. 风机动力系统

风机动力系统是影响油烟机吸烟效果的另一个重要因素，普通油烟机使用的风机动力源基本都是交流电机，效率低、吸力小、噪声大。瀚油烟机全新设计风机动力系统，采用直流变频涡轮风机技术，效率高、吸力大、排烟强。瀚油烟机的风机转速达到 2000rpm，风量达到 21m³/min，静压超过 850Pa。动力系统搭载自动巡航技术，遇到做饭高峰时段，系统会监测外界阻力，自动调节风机转速，自适应巡航增压，确保排烟顺畅，防止油烟倒灌。

3. 油脂净滤系统

油烟机在使用过程中，滤网、油杯等部件油污多，需经常拆洗。但由于油污附粘力强，一般很难清洗，需要专业人员使用专用清洗液才能够完成。油烟机的油污清洁是消费者在使用过程中非常关心的问题之一。瀚油烟机的油脂净滤系统，第一道过滤是双层格栅滤网，每层滤网分布有腰形长条通风孔，呈竖向水平排列，便于烟气通过。腰形孔宽窄尺寸需适中，如果腰形孔过宽，油烟通过较快，油烟得不到充分分离；如果腰形孔过窄，油烟通过较慢，影响排烟风量。前后两层格栅滤网的腰形孔尺寸相同，但两层在水平方向错开布置。当油烟从前面第一层滤网进入到后面第二层滤网时，油烟与前后两层的滤网筋条充分接触，油脂可以得到有效分离后流回到下方油杯里。

滤网材料使用不锈钢，不锈钢基材表面进行不粘油易清洁涂层工艺处理，涂层具有耐高温、耐热水、耐擦洗的特性。油烟不但在涂层表面容易分离，而且带涂层的滤网更容易清洁，用温水擦拭即可去除油污，清洗简单。根据人机工程学原理，将整块格栅滤网进行分断式设计，减小过滤网的尺寸，便于将分断式滤网直接放到水槽里清洁。

油脂净滤系统第二道过滤是 V 形波纹油网，网孔表面设计成高低状波浪形式，增大油网的体表面积，波纹油网呈竖向排列，网格之间的孔隙较小，可提高油脂分离度。两片滤网呈 V 字形布置在油烟机上部的烟腔内。经过格栅滤网一次分离后的油烟，在 V 形波纹油网再进行二次油脂分离，分离的油脂沿着油网斜面导流回到油杯里。波纹油网的材料为不锈钢，不锈钢基材表面同样进行易清洁涂层工艺处理，以提高油脂分离度和便于油网清洁。经过双重油脂净滤系统后，油烟里的大部分油脂被滤除，只有少量油脂混在烟气里由风机排入公共烟道。

4. 油烟机降噪处理

油烟机行业普遍存在一个问题：想要吸干净，噪声就很大；想要安静，就吸不干净。考察油烟机的两大指标——吸烟干净和工作噪声低，单一指标改善容易，但两个指标同时改善较难。在空调行业刚开始时，一体式窗机空调也遇到过类似问题，空调噪声和制冷风量矛盾突出。一体式窗机空调的解决方案是把最大噪声源压缩机与空调分开设计，分成两部分，这样空调的噪声问题迎刃而解。

油烟机运行噪声主要来源于风机噪声、部件振动噪声、烟道气流声等。瀚油烟机噪声处理借鉴空调的解决方法，首创分布式静音结构，将风机从油烟机里分离出来，放到外置风箱里，形成一个单独的风箱模块，进行降噪处理。风箱整体采用工程塑料材质，可以缓解风机的振动噪声。在风箱外侧设计小孔消音结构，吸收噪声。风箱模块利用共频振动测试方法，找出风机和风箱的共振频率点，通过风箱设计调整，有效避开共振点，消除共振噪声。风机箱可以安装在厨房吊顶内，使噪声源远离人耳朵，使工作噪声进一步降低。

油烟机与风箱之间通过静音型风道连接。静音型风道区别于传统圆形烟管，其截面专门设计成矩形，可以有效增加横截面。在同样风量情况下，矩形风道的油烟流速更低，烟气流动声音更小。风道内部表面采用半消音波纹结构，气流经过每个波纹面时会出现不同角度的反射，部分声波在反射过程中相互抵消衰减，从而起到吸音降噪的效果。

风机本体噪声优化也是降噪的一个有效手段。在风量不变的情况下，可以增加蜗壳直径，提高叶片数量，降低风机转速，使工作噪声降低。根据流体力学原理优化锅壳上叶片角度，在获得大风量的同时，使出风更柔和，噪声更低。

三、研究成果

瀞油烟机通过顶侧双吸抽烟系统、风机动力系统、油脂净滤等系统创新设计，使得油烟逃逸较普通吸油烟机减少 80% 以上；通过风机做分布式独立设计，风道及风箱等易产生噪声的零部件进行吸振降噪处理，工作噪声较普通吸油烟机下降近 20 dB；对滤网等常拆洗部件做易清洁涂层工艺处理，较普通吸油烟机清洁更简单方便，实现了厨房干净和安静的诉求。

1. 吸烟效果对比测试

目前行业里对油烟机的吸烟效果没有明确的量化标准，通常用油烟无逃逸等字眼来描述，油烟无逃逸定义为：肉眼未见明显油烟逃逸。实际上我们在炒菜时，还有很多肉眼见不到的油烟在扩散。为了能全面客观地说明油烟机吸烟效果，研究中专门设计制作了 $PM_{2.5}$ 数字检测设备，用数字检测仪来检测油烟的逃逸情况。

瀞油烟机与顶吸式油烟机、侧吸式油烟机进行吸烟效果对比测试。各个油烟机的性能，如爆炒风量、风压、最大静压等主要参数均为同一档次，对比油烟机的品牌是市场上销售最好的前两大品牌。测试地厨房的背压值为 150 Pa，根据一般使用习惯，在炒菜时厨房窗户不会关严，通常会打开一点，所以取横向风速值 0.3 m/s，然后对三台油烟机进行逃逸油烟的 $PM_{2.5}$ 数据检测。

油烟逃逸曲线如图 4-3-4 所示，横坐标表示炒菜时间，纵坐标表示逃逸油烟 $PM_{2.5}$ 的数值。紫色曲线代表侧吸式油烟机的吸烟效果情况，$PM_{2.5}$ 的峰值达到 $60\,\mu g/m^3$ 左右，逃逸油烟浓度 $40\,\mu g/m^3$ 以上，持续时间约有 200 s。红色曲线代表顶吸式油烟机的吸烟效果情况，$PM_{2.5}$ 的峰值达到 $55\,\mu g/m^3$ 左右，逃逸油烟浓度在 $25\,\mu g/m^3$ 以上，持续时间约有 200 s。绿色曲线代表瀞油烟机吸烟效果情况，$PM_{2.5}$ 的峰值达到 $15\,\mu g/m^3$ 左右，逃逸油烟浓度在 $5\,\mu g/m^3$ 以上，持续时间约有 100 s。从测试的结果可以看出，瀞油烟机的油烟逃逸较普通吸油烟机减少 80% 以上。

注：厨房背压150Pa，横向风速0.3m/s

■ 瀞油烟机　　　■ 顶吸式油烟机　　　■ 侧吸式油烟机

图 4-3-4　三种吸油烟机的油烟逃逸曲线图

2. 工作噪声对比测试

吸油烟机的工作噪声测试一般在半消音室里进行，烟管没有接公共烟道，测试环境背景噪声为 35dB，油烟机最大风量不小于 16m³/min，瀞油烟机的噪声是 43dB，而普通吸油烟机的噪声是 55dB。由于实验室环境与厨房实际安装使用差异较大，实验室测试的噪声值与实际感受的噪声不同。因此，除了在实验室测试噪声外，还在厨房现场进行工作噪声测试。选取 12 位用户厨房作为样本，用原普通吸油烟机与瀞油烟机分别进行工作噪声对比测试。厨房测试环境背景噪声小于 45dB，油烟机工作风量不小于 10m³/min，12 户普通油烟机的工作噪声值范围为 69~80dB，平均噪声为 73.1dB；12 户更换成瀞油烟机后，工作噪声值范围为 50~58dB，平均噪声为 53.3dB。瀞油烟机与普通吸油烟机相比，实际工作噪声下降了近 20dB，用户现场感受瀞油烟机工作安静很多。根据中国五金制品协会 2021 年发布的《吸油烟机静音分级评价规范》，瀞油烟机达到 1 级静音吸油烟机标准，静音分级指标见表 4-3-1。

表 4-3-1　吸油烟机静音性能分级指标

评价等级	最大风量 /（m³/min）	噪声 /dB	工作风量 /（m³/min）	工作噪声 /dB
1 级	≥ 16	≤ 45	≥ 10	≤ 58
2 级	≥ 14	≤ 54	≥ 8	≤ 65

注：噪声数据均为声压级，工作噪声测试环境背景噪声 ≤ 45dB

四、研究展望

1. 建筑提供公共中央吸油烟设备

随着成品住宅全装修的快速发展，可以考虑为建筑提供公共中央吸油烟设备，将每户油烟机的风机移到室外，集中到楼顶公共烟道处，设计成一个大的中央风机动力系统。这样厨房里就没有了风机工作噪声，进一步降低室内噪声。而在厨房中使用顶侧双吸排烟系统，使油烟难逃逸，吸油烟效果好。

2. 中央吸油烟设备工作方式

公共中央油烟机系统具有一个户外主风机，为直流变频控制系统，可以根据室内油烟机开启的数量，自适应动态调节主风机的风量。每台室内油烟机与专用公共烟道连接后，室内油烟机就能具有一定的工作风量和风压值，实现吸排烟功能。在主风机处可以增加油脂净滤系统，对厨房里抽出来的油烟集中处理后再排放，这样既高效又环保。

室内油烟机仍然采用顶侧双吸抽烟系统，保留高效的吸油烟效果。室内油烟机取消风机动力系统，简化油脂净滤系统和电子控制系统，设备结构和成本得到一定程度优化，后期维护费用也会减少。由于油烟机的最大噪声源风机被移到室外，室内油烟机的工作状态会变得非常安静。

作者：李文明

（艾欧史密斯（中国）热水器有限公司）

住宅室内潮湿和霉菌暴露特性及对儿童健康影响评价

一、研究背景

建筑潮湿已成为普遍存在且显著影响室内环境质量的全球问题。在欧洲、北美、澳大利亚、印度、日本等国家和地区，10%～50% 的建筑室内存在潮湿现象。建筑潮湿会对建筑围护结构和室内空气质量产生显著的可视和可感知表征（如霉味、霉斑、窗户凝水等），从而诱发一系列潜在危险因素，比如促进材料表面霉菌等微生物滋生并在适宜的温湿度下生长繁殖和扩散孢子、促进室内装修材料中各种化学污染物挥发等。在供暖空调季节，低通风率进一步增加了这些污染物在室内聚集的浓度，引起人体呼吸系统等相关疾病患病风险增加。因此，关注建筑室内潮湿影响因素，以及潮湿可能诱发的室内霉菌污染问题，提出合适的室内霉菌控制措施，对于降低人群患病风险、改善室内环境质量、实现健康建筑要求等，都具有重要的意义。

国内外众多专家学者通过对建筑室内潮湿和儿童健康开展的大样本横断面调研，证实了建筑潮湿表征（霉点湿点、窗户凝水、水损、发霉气味等）与儿童哮喘、鼻炎及过敏性症状之间有着显著的相关性，是诱发儿童哮喘等过敏性疾病发生的显著危险因素。但是，这些研究主要基于流行病学的一次性问卷调研，获得的建筑潮湿表征如墙体发霉等多是通过居民自报告，难以反映实际住宅室内温湿度和霉菌污染水平随全年不同季节、时间的变化特性。基于此，本项目结合建筑环境学、环境流行病学等学科交叉研究，通过对夏热冬冷、全年高湿的重庆地区儿童住宅开展大样本横断面调研和不同季节定群追踪入户实测，旨在揭示室内潮湿和霉菌暴露与儿童过敏性疾病关联，提出适宜的住宅室内通风改善措施，从而为该地区住宅制定合理的空气温湿度设计标准和霉菌控制措施、营造舒适健康的建筑环境等提供理论基础和科学依据。

二、研究内容

项目以具有夏热、冬冷、全年高湿气候特征的重庆地区的住宅为研究对象，首先通过儿童住宅室内环境的大样本横断面调研，评价不同潮湿表征对诱发儿童过敏性疾病的风险（OR/aOR），明晰住宅室内潮湿暴露与儿童过敏性疾病的暴露－剂量－反应关系。其次通过对典型住宅全年不同季节开展入户追踪实测，获取真实情况下全年室内外热环境及空气霉菌时空变化特性，掌握室内全年温湿度和空气霉菌浓度随时间变化规律，量化评价霉菌暴露与儿童哮喘等过敏性疾病发病的关联关系。再者基于调研住宅建立典型住宅模型，模拟不同围护结构传热系数、换气次数、墙体材料下住宅室内和墙体表面热湿参数全年变化特性，采用WUFI–Bio生物热湿模型进一步模拟全年不同季节、不同时段、不同通风量下室内温湿度变化和内墙体表面霉菌生长风险，结合实测数据提出全年不同时段的适宜通风策略，以期在建筑节能的基础上，进一步改善该地区住宅室内环境质量、降低霉菌污染风险、提高人居环境水平。

三、研究成果

1. 大样本横断面调研

项目首先基于2019—2020年期间重复对重庆主城区的儿童住宅室内环境开展的大样本横断面调研，重点分析了室内潮湿暴露现状及其对儿童哮喘和鼻炎等过敏性疾病的影响和不同时空暴露与儿童过敏性疾病和症状的暴露－反应关系。结果显示，相比2010—2011年横断面调研数据，建筑性能提升降低了用户自报告的室内潮湿／霉菌问题，而住宅建筑特性、居民生活习惯、装饰装修等对住宅潮湿暴露均有显著影响。随着建筑特性和生活习惯变化，不同建筑面积或建成年代下，住宅出现各类潮湿表征的比例存在显著差异，建筑面积过小、建筑年代久远的住宅出现潮湿表征的比例更高。与室内不存在潮湿暴露的家庭相比，早期住宅或当前住宅室内存在潮湿表征使儿童哮喘和鼻炎等过敏性疾病和症状的患病率和患病风险显著更高。室内潮湿暴露程度与儿童过敏存在显著的剂量－应答关系，不同时空潮湿表征暴露下的儿童哮喘和鼻炎等疾病和症状的患病率和患病风险显著更高。图4-4-1所示给出了基于不同时空潮湿暴露组合下的潮湿暴露表征数量、时间长度和空间广度与儿童哮喘和鼻炎等过敏性疾病和症状的剂量－反应关系，其中较儿童卧室和浴室内的潮湿表征暴露，客厅内的潮湿表征暴露与儿童哮喘等过敏性疾病的关联性和剂量－应答关系更强。

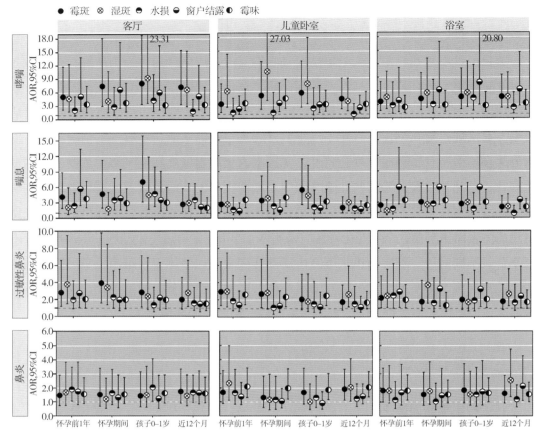

图 4-4-1　室内潮湿表征暴露与儿童曾患哮喘等过敏性疾病的关联

2. 入户追踪实测

其次采用病例 – 对照研究设计，对回收的 4943 份有效问卷进行筛选，最终确定 11 户病例组儿童，并根据病例组家庭住址就近原则，确定了 12 户对照组儿童，对其进行定群追踪测试。通过对 23 户住宅全年不同季节入户实测，结果显示，住宅室内实测总空气真菌浓度和各级粒径的真菌水平呈现出夏季最高、冬季最低的趋势。参照欧洲室内空气质量标准，夏季和秋季分别有近 70% 和 50% 住户室内空气真菌浓度处于中等污染水平（图 4-4-2）。对空气真菌粒径统计显示，真菌粒径处于第 4 级（粒径范围：2.1 ~ 3.3 μm）的占比最大（38% ~ 49%），其次为第 3 级（3.3 ~ 4.7 μm，18% ~ 29%）和第 5 级（1.1~2.1 μm，9% ~ 23%），即住宅室内空气中约 86% 的真菌粒径集中在 1.1 ~ 4.7 μm 之间。这些细小颗粒可进入人体初级、次级和末梢支气管，表明住宅室内全年真菌气溶胶的吸入风险较高。实测的空气真菌浓度进一步证实了室内潮湿表征是儿童过敏性疾病患病的显著风险因素，住宅室内高浓度的空气可培养真菌暴露是儿童鼻炎和喘息的风险因素，病例组（当前过敏）且儿童存在过敏性鼻炎、鼻炎或喘息的住宅客厅内空气可培养真菌浓度和各级浓度均高于对照组和近 12 个月不存在上述过敏性疾病的儿童，其中以秋季和冬季更为明显。从而进一步揭示了室内潮湿和真菌暴露与儿童过敏性疾病等的潜在因果关系。

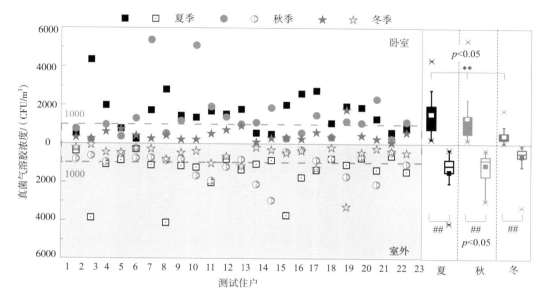

图 4-4-2　住宅全年真菌气溶胶浓度分布

3. 建立典型住宅模型

鉴于通风是去除室内空气污染物的有效方法，项目进一步参考调研住宅建立典型住宅模型，结合 EnergyPlus 和 WUFI-Bio 生物热湿模型模拟了不同围护结构传热系数、换气次数、不同墙体材料下住宅室内和墙体表面热湿参数全年变化特性和霉菌生长风险。结果显示，执行不同年代发布的建筑节能标准对住宅室内热湿环境有显著影响，2001 年前建成的建筑总体霉菌生长程度明显大于 2001—2010 年间和 2010 年之后建成的建筑。不同墙面材料，例如水泥砂浆、粉刷墙、乳胶漆和壁纸等的水蒸气扩散阻力系数与霉菌生长程度存在显著相关性，水蒸气扩散阻力系数越小，霉菌生长风险越小。当通风换气次数（Air change rate per hour，ACH）从 1ACH 增加到 2ACH 时，霉菌生长情况得到了显著缓解，霉菌生长风险降低了 94%，但继续增加换气次数对霉菌生长风险改善的效果并不显著（图 4-4-3）。进而提出了住宅基于季节性的通风策略：不同季节通风对室内霉菌风险的改善程度为秋季>春季>夏季>冬季；以 1 层为例，四个季节最优换气次数分别为 2ACH、1ACH、1ACH、2ACH。以各季节最优通风换气次数乘对应时间段系数，得到了基于日时段的推荐通风策略：室内有人活动时>室内有人睡觉时>室内无人时，三种情景下增强通风换气次数都会使室内霉菌风险先减小后增大，对应的最佳通风换气次数分别是春季和秋季，为 5ACH、2ACH、1ACH，夏季和冬季为 2.5ACH、1ACH、0.5ACH。

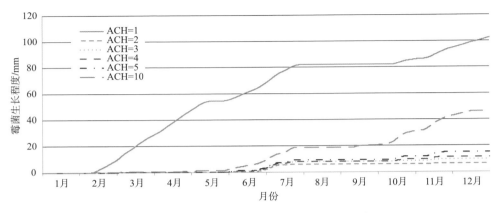

图 4-4-3　不同换气次数下霉菌随时间的生长情况

四、研究展望

由于霉菌的生长涉及建筑全生命周期各个环节，其控制应从建筑初期规划设计、建筑施工、建筑装修材料和运行期间人员行为习惯等方面全面考虑。此外，由于住宅通风改善室内环境质量的能力有限，且结合项目研究，换气次数并不是越大越好，过度通风会引入室外较高湿度和水分，反而有利于霉菌生长。因此，未来研究可以进一步结合主动空气净化控制，探索适宜去除霉菌的空气净化技术和与通风匹配的运行方法，针对性地提出适宜的霉菌预防和控制策略，从而有效保障室内环境质量。

作者：杜晨秋[1]　蔡姣[2]　杨婷[1]　喻伟[1]
（1.重庆大学；2.重庆科技学院）

新冠疫情前后健康公共场所室内环境变化特征及风险防控设计对策研究

一、研究背景

公共场所是供公众学习、工作、休息、活动、娱乐等的封闭或半封闭空间，公共场所内人员密集，健康与非健康个体混杂，易引起感染扩散。新冠疫情暴发之后，天津、广州、北京等地均暴发了公共场所内聚集性疫情，公共场所成为疫情防控的重点。2020 年初我国颁布了《公共场所新型冠状病毒感染的肺炎卫生防护指南》等技术文件，要求公共场所采取加强通风换气、做好物体表面清洁、限客限流等健康风险防控措施。为定量表征防控措施对公共场所室内环境产生的影响，阐述卫生防护健康风险防控问题，探讨健康公共场所风险防控设计对策，拟开展新冠疫情前后健康公共场所室内环境变化特征及风险防控设计对策研究。

二、研究内容

利用 2019 年和 2020 年公共场所健康危害因素监测项目数据，选择两年均开展监测调查的宾馆和候车室场所共 5000 余家。整理两类重点公共场所室内环境质量、防控措施、建筑设计等调查结果，通过统计分析和数据挖掘，综合分析主要风险防控措施与建筑设计、室内环境的相关性，确定典型公共场所健康风险防控问题，提出健康公共场所设计对策。

（一）宾馆

1. 基本情况调查

2019 年宾馆基本情况共调查四部分内容：①基本情况；②卫生管理状况；③集中

空调卫生状况；④顾客用品用具卫生状况。基本情况主要调查宾馆类别（三星级及以上宾馆、三星级以下宾馆、快捷酒店）、平均客流量（人/天）、卫生监督量化分级情况等；卫生管理状况主要调查场所卫生监督管理档案内容；集中空调卫生状况主要调查集中空调使用管理状况（如调查是否有应急关闭回风和新风的装置、控制空调系统分区域运行的装置等）；顾客用品用具卫生状况主要调查各类公共用品用具更换、消毒频率。

2020 年新冠疫情发生之后，课题组针对公共场所环境健康情景特点和疫情防控风险点，在 2019 年调查表基础上，新增了与健康风险防控相关的问题，包括：①场所内公共区域采用的通风换气方式；②是否设立疑似传染病人应急隔离区域；③疫情常态化时期集中空调系统运行情况；④场所是否设置专门的垃圾处理区域；⑤公共卫生间洗手盆、地漏是否有水封；⑥重点公共用品用具消毒情况。

2. 健康危害因素监测

2019 年和 2020 年宾馆健康危害因素监测指标主要包括温度、相对湿度、风速、二氧化碳（CO_2）、空气中细菌总数等。

（二）候车室

1. 基本情况调查

2019 年候车室基本情况共调查四部分内容：①基本情况；②卫生管理状况；③集中空调卫生状况；④公共设备设施消毒情况。基本情况主要调查平均客流量（人/天）、卫生监督量化分级情况等；卫生管理状况主要调查场所卫生监督管理档案内容；集中空调卫生状况主要调查集中空调使用管理状况；公共设备设施消毒情况主要调查各类设备设施消毒频次。

2020 年在 2019 年调查表基础上，新增了与健康风险防控相关的问题，新增问题同宾馆基本情况调查表。

2. 健康危害因素监测

2019 年和 2020 年候车室健康危害因素监测指标主要包括温度、相对湿度、风速、二氧化碳（CO_2）、空气中细菌总数、座椅扶手细菌总数等。

三、研究成果

（一）调查场所基本情况

2019 年和 2020 年，公共场所项目在 129 个城市（区）开展调查，两年分别调查宾馆 2402 家和 2291 家，候车室 279 家和 251 家。以调查场所编码进行匹配，两年均开展调查检测的宾馆和候车室分别为 1030 家和 123 家。以下结果基于上述场所数据。

（二）环境因素变化研究

（1）合格率比较　宾馆风速和空气中细菌总数、候车室风速合格率疫情前后差异有统计学意义。

（2）监测数据比较　宾馆和候车室疫情后室内温度降低、空气中细菌总数下降；风速、二氧化碳、座椅细菌总数两年无差异，提示上述指标监测结果整体一致，比较中位值可知以上三项指标均呈下降趋势。

（3）疫情前后相关性分析　疫情前后，宾馆同一指标相关性均有统计学意义，候车室风速和座椅扶手细菌总数相关性较小。

（三）风险防控相关因素描述分析

2020 年新增与场所风险防控有关的调查问题，应用 2020 年环境监测数据，从场所建筑特征、人为干预措施和微小环境因素等 3 个方面进行分析。

（1）建筑特征　最近十年（2012—2021 年）开业的宾馆占 45.6%；三星级及以上等级宾馆占 38.9%，三星级以下宾馆占 30.4%，快捷酒店占 30.6%；近两年装修的占 20.9%。最近十年（2012—2021 年）开业的候车室占 63.3%，候车室高度中位值为 8.00 m。

（2）人为干预措施　是否使用集中空调会影响公共场所对公共区域采取的通风换气方式。无论是否使用集中空调，都会采用开门开窗的方式进行通风换气。除开门开窗外，对于使用集中空调的场所，使用排风扇和新风系统是主要的通风换气方式；对于不使用的场所，使用排风扇和分体式空调是主要的通风换气方式；约不到三分之一的场所采取了"回风关至最小"和"以最大新风量运行"的方式；重点公共设施消毒率均超过 90%。

（3）微小环境因素　宾馆室内空气细菌总数与室内温度、风速和二氧化碳相关性有统计学意义，候车室座椅扶手细菌总数与室内温度和湿度相关性有统计学意义，相关指标 r 介于 0.026 ~ 0.27。

（四）2020 年防控措施对环境指标影响分析

1. 分类变量

（1）场所类型　不同类型场所温度、湿度、风速、二氧化碳、空气细菌总数差异有统计学意义，提示中环境和小环境环境指标有差异。

（2）开业时间　不同开业时间（以十年为界）温度和风速差异有统计学意义，提示可能与建筑使用门窗材质有关。

（3）集中空调　是否使用集中空调室内温度、湿度、风速、空气细菌总数差异有统计学意义。

（4）通风　公共区域是否一直通风与室内湿度、二氧化碳和电梯按钮细菌总数差异有统计学意义。

（5）设立应急隔离区域　是否设立疑似传染病人应急隔离区域场所室内湿度差异有统计学意义。

（6）公共设施消毒　宾馆电梯按钮是否消毒与温度和空气中细菌总数差异有统计学意义。

2. 连续变量

（1）客流量　当客流量超过 1000 人时，中环境空间各项环境指标均有一定程度的波动。当客流量在 1000 人以下时，温度、湿度、二氧化碳和空气中细菌总数随着客流量升高呈现上升趋势；当客流量介于 1000～6000 之间时，座椅扶手细菌总数随着客流量升高呈上升趋势。

（2）站厅高度　当站厅高度在 12～13 m 时，温度、湿度、风速、座椅细菌总数随站厅高度增长而上升；当站厅高度约为 13 m 时，二氧化碳浓度出现峰值，随后随着站厅高度增长而下降；当站厅高度高于 23 m 时，二氧化碳浓度出现下降；当站厅高度在 10～20 m 时，室内细菌总数也呈现了先上升后下降的曲线。

四、研究展望

本研究应用新冠疫情暴发前后两年（2019 年、2020 年）全国部分重点公共场所（宾馆、候车室）数据，分析了建筑结构、个人行为、卫生管理措施等对室内温度、相对湿度和空气中细菌总数的影响。研究发现，疫情前后同一家公共场所风速、温湿度存在差异；中环境客流量、室内净高对环境指标具有影响；保持场所通风换气可以降低空气中各类微生物的生长繁殖，预期具有较好的防控效果。

本研究以 2019 年和 2020 年数据为分析基础，2021—2023 年我国对于新冠疫情防控政策有所调整，尤其 2023 年新冠划归为乙类乙管，重点公共场所基本恢复了疫情之前的状态，对于补充高浓度细菌总数数据及影响因素分析具有更加重要的科学价值。建议继续以 2021—2023 年课题数据，进一步探索建筑结构、个人行为和卫生管理措施对微小气候以及微生物浓度的影响，为建立建筑特征 – 行为模式 – 环境因素风险评价模型提供数据支撑。

五、总结

本研究围绕公共场所室内环境健康情景，分析新冠疫情前后公共场所室内环境主要参数变化及防控措施对环境指标的影响。研究利用《全国公共场所健康危害因素监测》项目历史数据，选择 2019 年宾馆和候车室调查数据为观察组，2020 年相同场所调查数据为对照组，对室内环境指标及主要影响因素进行研究。主要初步结论如下：

1）相比于新冠疫情前，新冠疫情发生后公共场所室内温度、相对湿度和空气中细菌总数监测结果中位值均有所下降。

2）同一家公共场所新冠疫情前后风速、温度、湿度、空气中细菌总数、座椅扶手细菌总数调查结果存在差异。

3）场所类型、是否使用集中空调、公共区域是否一直开窗换气、场所是否设置隔离区域、场所日均客流量、场所层高等是室内环境指标变化的主要影响因素。

4）建议中型公共场所（公共建筑）在设计时，将"双碳"理念与卫生安全防控进行综合考量，着重把控全天候自然通风设计、下水管道卫生安全防控设计、洗手设施运行监控设计等，进一步探索建筑室内最优层高的设计方案。

作者：李莉　王先良

（中国疾病预防控制中心环境所）

环境健康功能建筑材料的关键技术研究与应用

一、研究背景

健康建筑是建筑行业发展的新方向，做好健康建筑不仅响应了绿色经济发展需求，推动建筑行业创新发展，还可以改善人们生活居住环境，保障人们的安全健康。建筑空间的物理、化学与微生物污染是影响人居环境健康性和舒适性的重要因素，据报道，全国每年由室内空气污染引起的死亡人数已达 11.1 万人。环境健康功能建筑材料的发展与应用是提高人居环境质量、改善环境舒适度的关键，也是健康建筑发展的必需。

以日本、美国、德国等为代表的发达国家较早开展环境健康功能新型建材研究，并实现建筑应用。日本在硅藻土基调湿材料领域技术先进，已形成涵盖涂装材料、调湿砖、调湿墙板等多品类建材的体系化技术；德国德固赛公司在 TiO_2 光催化材料方面技术成熟，广泛应用于催化领域；欧美多家公司已开发出应用于建筑节能、调温的相变蓄热石膏板、墙板等建材制品；电磁辐射防护建材也是欧美发达国家的关注重点，1980 年前后就已应用吸波 / 屏蔽混凝土材料解决建筑电磁辐射污染问题。

我国建材产品的环境健康功能化研究起始于 20 世纪末期，迅速发展成为建筑材料研究的热点方向和必然趋势，形成全新的行业，稳步发展。目前，具有调湿、空气净化、抗菌防霉、相变储能、电磁波吸收与屏蔽、隔声吸声等环境健康功能的建筑材料已越来越多应用于建筑工程，助力建筑绿色化、健康化发展。

二、研究内容

面向健康建筑对环境健康功能建材的重大需求，针对净化、抗菌、相变调温、电磁防护等环境健康功能建材研发与应用中亟须突破的系列关键难题开展研究，具体研究内容包括以下几方面。

1）研发高效净化、长效抗菌防霉抗病毒功能材料及建材制品，研究工业化制备与应用技术，突破相关材料与建材产品效能差、长效性差、种类单一、产业化能力不足等问题，全面改善建筑空间空气质量。

2）研究高性能、长寿命无机相变材料制备原理，开发相变调温功能装饰产品及应用技术，解决相变材料制备、定型封装及建筑应用中面临的核心技术难题，实现建筑节能和热舒适度改善。

3）开发高效能、宽频段电磁波屏蔽与吸收功能建材制备与应用技术，研究其电磁辐射防护机理，攻克建筑材料电磁防护性能设计与功能集成化应用关键技术难题，提高人居空间电磁环境安全性。

三、研究成果

（一）高性能催化净化功能材料

纳米光催化材料对污染物的吸附性差，催化效率较低。以结构特殊、比表面积大、稳定性好、吸附能力强的多孔矿物为载体负载纳米光催化材料，在降低纳米颗粒的团聚的同时，还可利用其高比表面积、强吸附等特性实现污染物的靶向富集，提高光催化净化效率。

1. 硅藻土负载纳米 TiO_2 光催化净化材料

运用原位合成法，使硅藻土表面 SiO–H 基团在高温下与钛源水解物 Ti（OH）$_4$ 缩合，形成 –Si–O–Ti 键合结构，并通过 N 掺杂 TiO_2 减小禁带宽度，将 N–TiO_2 稳定在硅藻土表面，形成硅藻土负载氮掺杂纳米 TiO_2 光催化复合材料（N–TiO_2/DE），利用可见光激发产生 O^{2-} 和 OH 活性物质，将甲醛等污染物矿化。原位合成制备工艺：Ti–R（钛源）在硅藻土浆料中水解→N–TiO_2 前驱体负载→洗涤过滤→干燥→煅烧晶化步骤合成目标材料。制备的 N–TiO_2/DE 形貌及物相如图 4-6-1 所示，表面锐钛矿型纳米 TiO_2 晶粒粒径 10～20 nm，负载量约为 40wt%，比表面积增大至 70 m^2/g；在日光灯照射条件下，添加 2wt% N–TiO_2/DE 至无机干粉硅藻泥的涂层净化甲醛效率 ≥ 87%，6 次高浓度循环净化效率保持 ≥ 84%。该技术实现了年产 36t 工业化生产。

2. 海泡石负载纳米 TiO_2 光催化净化材料

运用 CTAB 辅助溶剂热法，使海泡石表面 SiO–H 基团在高温高压下与钛源水解物 Ti（OH）$_4$ 缩合，形成 –Si–O–Ti 键合结构。通过 CTAB 调节 TiO_2 的生长取向和反应体系中亲水 – 疏水平衡，使 TiO_2 纳米晶暴露高活性的（001）和（101）面，并诱导 TiO_2

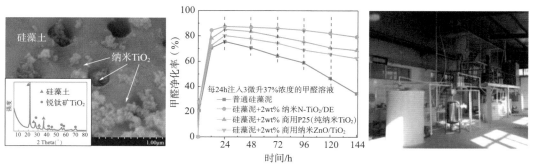

图 4-6-1　硅藻土负载 TiO₂ 材料微观形貌（左）、净化甲醛效果（中）及生产线（右）

纳米晶体的羟基与海泡石纳米纤维的含氧基团形成氢键，将高活性 TiO₂ 稳定负载在海泡石表面，形成海泡石负载纳米 TiO₂ 光催化复合材料。所形成的晶面 / 表面异质结可自发促进光生载流子的有效分离，从而提高光催化活性。

　　为了改善可见光催化活性，进一步制备了 Ag 装饰 TiO₂/海泡石复合材料。由于 Ag 的并入，产生 SPR 效应，使其具有高效可见光催化性能。在 Ag 添量为 5% 条件下，可见光（$\lambda \geqslant 420nm$）照射 260min 后光催化降解偶氮染料降解率达 100%，且该材料对大肠杆菌和金黄色葡萄球菌的生长和繁殖都具有显著的抑制作用，10h 抑菌率达 100%（图 4-6-2）。

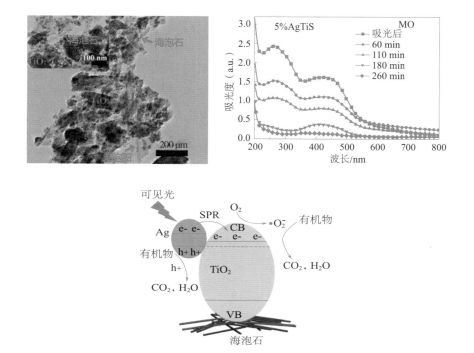

图 4-6-2　海泡石负载 TiO₂ 材料微观形貌（左）、净化效果（右）及光催化机理（下）

（二）长效抗菌防霉功能材料

针对有机防霉材料直接暴露在环境中易失效寿命短的问题，科学利用硅藻土的孔结构载体作用，开发了硅藻土吸附负载型长效抗菌防霉功能材料。

因硅藻土表面负电荷氧活性位多不利于负载，利用 Al^{3+}/OH^- 对硅藻土进行改性处理增加阳离子空位，改善硅藻土孔结构的有机分子络合与无机离子吸附能力。优选低毒性苯丙咪唑氨基甲酸甲酯等有机防霉材料和金属锌离子等无机抗菌材料，通过与改性硅藻土的络合吸附自组装，制备出有机无机复合型硅藻土基防霉抗菌材料。硅藻土对有机无机防霉抗菌组分的络合吸附，可实现抗菌防霉组分的缓慢释放，提高材料的抗菌防霉耐久性。研究发现：硅藻土的改性可提高材料抗菌性 20% 以上，防霉性也显著增强。

为进一步增强功能材料的生物安全性，探索了硅藻土负载植物抗菌组分的新型抗菌抗病毒材料。将石榴皮等植物提取的抗菌成分与改性硅藻土自组装复合，抗菌成分的最大负载量可达 170mg/g，大肠杆菌抗菌率大于 99.99%，并具有一定的抗病毒效果，为抗菌抗病毒功能材料的研发提供了新的研究思路（图 4-6-3）。

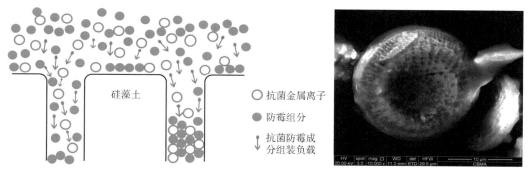

图 4-6-3　长效抗菌防霉材料自组装原理图（左）及其微观形貌（右）

（三）调湿、净化、抗菌防霉多功能涂装材料

传统乳胶涂料成膜致密，严重影响涂层的呼吸透气性。硅藻土等多孔矿物能够赋予涂装材料调湿、防结露等环境健康功能。针对建筑空间湿度调控、微生物污染防治及空气污染治理等问题，以硅藻土多孔矿物的利用为基础，集成长效抗菌防霉、高效净化等功能材料，研发出功能可调的调湿、净化、抗菌防霉多功能水性液态涂装材料和无机干粉涂装材料。

1. 水性液态涂装材料

水性涂料的设计突破传统乳胶涂料的设计理念，在乳胶涂料配方基础上，以具有多孔结构特性的硅藻土代替传统实心填料，重点解决传统乳胶涂料透气性差和易结露的问题，同时赋予其环境健康功能性。通过工艺设计实现多孔轻质硅藻土材料在涂料体系中的均匀分散，在保证涂料常规性能的基础上提升其掺量至19%。通过系统研究涂料体系中乳液含量、硅藻土含量、功能材料含量对常规性能与环境功能性的影响规律，形成水性涂料的优化配方体系（图4-6-4）。

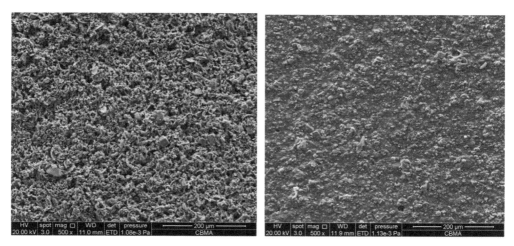

图4-6-4　水性液态涂料（左）与传统乳胶涂料（右）的微观结构对比

开发的水性液态涂装材料具有优异的环境健康功能性，水蒸气透过率630 g/（m^2·d），120 min无初露点，防霉及其耐久性均为0级；环保性优势突出，无甲醛释放，VOC含量低于10 g/L。

2. 无机干粉涂装材料

基于研究揭示的气态污染物在无机胶凝涂层中的吸附扩散规律，开发了无机干粉型涂装材料，主要组成包括：无机胶凝材料、骨料、颜填料、功能材料、助剂等。与乳胶涂料相比，极大降低了甲醛和VOC污染，具有优异的环保性能。研究发现，环境健康功能性主要受涂层厚度与功能材料含量影响，抗菌防霉性还与胶凝材料碱度相关。无机干粉涂装材料还具有很好的装饰性，可通过工具和手法做出各种图案、造型，满足人们对墙面文化和个性化的需求。开发的无机干粉涂装材料对甲醛的净化效率及持久性均超过90%，12 h吸湿量大于40×10^{-3} kg/m^2，放湿量大于35×10^{-3} kg/m^2，防霉及其耐久性均为0级，且性能可调。

两类多功能涂装材料均已实现规模化生产，已应用于G20会馆、冬奥会场馆等国家工程，且广泛应用于酒店、幼儿园、写字楼、学校、住宅等工程中（图4-6-5）。

图 4-6-5　无机干粉涂装材料装饰效果图

（四）相变储能材料及其建筑应用技术

相变储能材料能够有效解决能量需求者和供给者之间时间和强度不匹配的问题，将成为绿色建筑能量体系的核心，也是实现建筑空间热物理环境调控的关键。但是，相变储能材料实现建筑应用需解决蓄热稳定性、服役寿命、定型封装等技术难题。

无机相变材料的过冷和相分离问题是影响其蓄热性能和服役寿命的关键因素，解决该问题是实现无机相变材料规模化应用的前提。项目研究了不同种类改性剂对无机相变材料相变行为及循环稳定性的调控规律与机理，以此为基础开发出适用于不同温度范围的无机相变材料过冷控制与相分离抑制技术，制备的 $CaCl_2 \cdot 6H_2O$、$CH_3COONa \cdot 3H_2O$ 和 $Na_2SO_4 \cdot 10H_2O$ 等相变材料的相变潜热分别达到 183 J/g、232 J/g 和 109 J/g，经上千次冷热循环仍能保持 90% 以上蓄热能力。

为实现相变储能材料的建筑应用，需对其进行定型封装，避免应用过程中相变材料的泄露，而封装工艺和方法也会影响相变材料性能，真空负压封装工艺与层状多孔矿物的结合，可将相变材料负载定型到层状结构内部，有效提高蓄热稳定性和使用寿命。针对不同应用场景和环境，开发了铝塑相变储能袋、PE 相变储能板、薄膜相变储能片等定型相变储能构件，并利用薄膜相变储能片制备了无机胶凝基材的相变储能板材（图 4-6-6）。

开发的定型相变储能构件和建材制品应用于地暖系统、室内吊顶以及建筑墙面和屋面，可显著推迟最高温度到达时间，降低室内温度峰值和波动幅度，改善室内热舒适度，节能效果明显（图 4-6-7）。

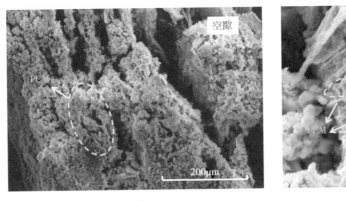
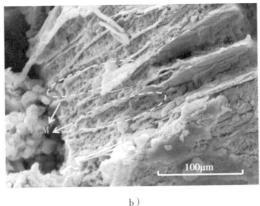

a）   b）

图 4-6-6 层状矿物对相变储能材料的定型作用

a）未使用负压封装工艺 b）使用负压封装工艺

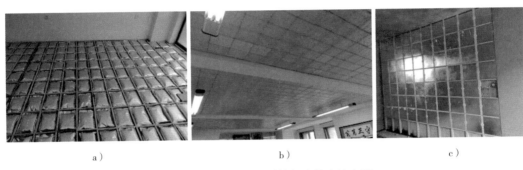

a）   b）   c）

图 4-6-7 相变储能材料在建筑中的应用

a）地暖系统 b）室内吊顶 c）墙体应用

（五）电磁防护功能建材设计制备与应用技术

进入 21 世纪，我国城市电磁辐射呈指数增长，电磁污染是一种新型环境污染。针对电磁防护功能建材日益增长的应用需求和高效宽频防护技术难题，基于材料结构与电磁特性间构效关系，研发出多品类高性能电磁防护建材制品，全面满足电磁辐射污染治理需求。

针对应用量大面广的水泥基材料的电磁防护性能提升与防护频段拓展技术难题，利用水泥基体微结构调控和宏观三维超构界面设计等技术，开发出高效、宽频电磁防护砂浆、混凝土及预制构件等系列材料，电磁防护性能显著提升，有效防护频段覆盖 1~40GHz 频率范围，电磁波吸收率达到 99% 以上，并实现工业化生产与工程应用（图 4-6-8）。

为丰富电磁防护功能建材品类，针对建筑材料阻抗匹配与电磁衰减能力难以协同改善提升的共性难题，研究揭示了建筑材料基体内部电磁功能填料结构化分布与电磁防护性能间内在关联关系，突破传统设计理念，开发了电磁功能填料结构化分布设计与调控工艺方法，制备出性能可调控的石膏基、矿棉基和木质基电磁防护功能系列装饰建材产品。与传统设计方法相比，电磁功能填料结构化分布在提升电磁防护性能的同时，可降低电磁功能填料50%以上用量（图4-6-9）。

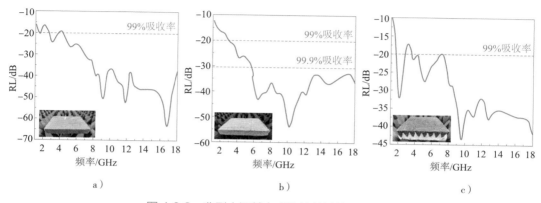

a）　　　　　　　b）　　　　　　　c）

图4-6-8　典型水泥基电磁防护材料的吸波性能

a）轻质吸波砂浆　b）多层结构吸波砂浆　c）三维界面吸波预制板

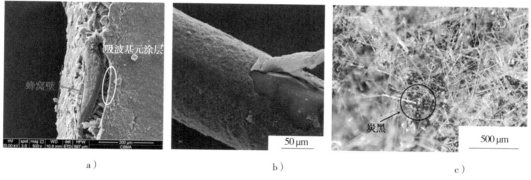

a）　　　　　　　b）　　　　　　　c）

图4-6-9　电磁功能填料的典型结构化分布的微观图

a）蜂窝结构分布　b）一维线性分布　c）无序点阵分布

发展和应用多功能集成材料可显著降低建筑成本、简化施工工序、拓展材料应用范围。项目探索了电磁防护、保温隔热等多功能集成的组分调控与结构优化新技术，基于材料与结构的电磁与热耦合效应，开发出吸波保温功能一体化的墙体构造和吸波蓄热功能一体化的砂浆材料，填补了该领域的研究空白。

四、研究展望

我国环境健康功能建材研究已取得丰硕成果，并逐步应用于绿色、健康建筑，未来发展主要趋势主要有以下几方面。

1）功能与结构一体化：赋予传统建筑结构材料环境健康功能，对于建筑材料的产业升级以及建筑绿色、安全、健康、舒适的协同具有重要意义。

2）多功能集成化：建筑材料保温、隔热、防火、防水等传统功能与环境健康功能的功能集成化设计与应用，可降低建筑施工成本、简化工艺。

3）智能化：环境健康功能建材性能的智能化调控及智能化应用是未来重要的发展方向，是推进"智慧城市"建设的有力保障。

作者：解帅[1,2]　冀志江[1,2]　王静[1,2]　张班珺[1,2]　刘蕊蕊[1,2]
（1.中国建筑材料科学研究总院有限公司；2.绿色建筑材料国家重点实验室）

基于环境行为研究方法与技术路径的绿色医院研究

一、研究背景

2016 年,《"健康中国 2030"规划纲要》明确提出推进健康中国建设,实现该目标需要医疗建筑的建设内涵向更深层次发展,实现从追求技术与功能的发展模式向提供良好的医疗康复环境的转变。同时,随着绿色医院理念不断深入,内涵不断丰富,已经从建筑层面的"四节一环保"扩展到满足建筑用户对环境、人性化设计、舒适度、心理、服务等多方面需求,以使用者行为与体验为核心的节能研究逐渐成为新的趋势。

大型综合医院公共空间作为医院中承担多种服务且有巨大人流量的形象空间,人流量随时间波动非常明显,这些因素对于创造均匀舒适的就诊环境十分不利。同时,医疗设备多且运转时间长、室内环境要求高等原因,导致能耗水平居高不下,存在着降低能耗与提升就医环境之间的矛盾。因此,人群行为信息对医院建筑的优化设计和节能运行管理有着非常重要的指导意义,通过对医院的使用人群——患者、家属、医护人员等行为模式和行为轨迹的梳理和研究,既可以为医院建筑科学的空间环境设计提供有效的设计依据,全面提升医院环境的舒适性,又可以提高医院建筑的日常运营管理效率,从而实现"以人为本、绿色、节能"的理念和营造舒适、高效、节能的医疗环境。

二、研究对象

以南京市 R 大型三甲综合医院的新建门诊医技住院综合大楼作为研究对象,该建筑面积约 22.4 万 m²,其中门诊医技裙楼共六层,一层主要为体检与影像中心,二层为入口层,综合集结挂号取药、医保审核、出入院办理、急诊与部分诊科、商业服务等功能,三至六层则主要为各科诊室与检查、手术等,同时也设有分层挂号功能。

重点调研区域为门诊大厅和候诊空间。R医院采用门诊大厅与医院街相结合的模式，门诊大厅从2层至6层。门诊部空间呈现出"入口大厅—医院街——一次候诊空间—二次候诊空间"的明确层级，设计条理清晰。一次候诊空间采用厅式，二次候诊空间采用廊式。门诊大厅和候诊空间的技术路线图如图4-7-1所示。

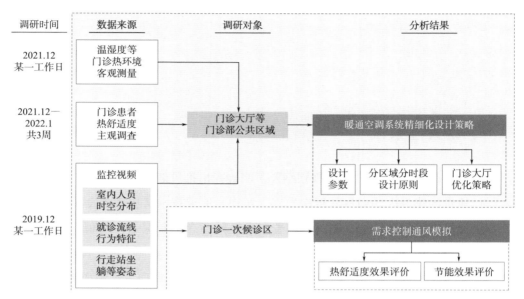

图 4-7-1　门诊大厅和候诊空间的技术路线图

三、研究内容

本研究针对医院空间的特征以及不同类型的使用者的位置、流线等行为特征，进而探讨绿色医院的环境行为研究方法与技术路径。主要研究内容包括以下几点。

1）门诊大厅：其空间特征为空间体量大、人员密集且流动性高。以门诊大厅为研究对象，研究用能者在不同时间、不同区域的类别、数量、行为走向与性质，以及分布情况等，并结合用能者的舒适度要求，提出相应的空调控制原则与节能策略。

2）候诊空间：其空间特征是用能者在就诊流程中停留时间最长，且候诊人员的密度在时间和空间上存在着不均匀性。在研究降低交叉感染风险和满足患者舒适度策略的前提下，寻求空调系统节能的思路。

3）基于医院公共空间环境的人体舒适度：研究现有的国际室内热舒适标准是否适用于医院环境，且在满足医院人群热舒适条件的同时，寻求最有效的空调控制与节能策略。

（一）门诊公共空间人员分布规律与热舒适性需求研究

以门诊医技楼 2 层挂号区、取药区、综合管理区、入口通高区和 6 层挂号区为调查对象，总结门诊公共空间人员行为的分布规律并调研室内人员的热舒适性感受，深入挖掘室内人员行为规律与热舒适性之间的关联。

1. 门诊公共空间室内人员的分布规律

通过视频记录、流线追踪、数据统计与定性定量分析等多种方法调查了门诊公共空间的人员行为信息，包括人员的组成、行为类型、数量与分布、行为流线、值班时间等。门诊大厅的总体人员负荷在时间上呈现明显的变化曲线，在全工作时间内呈现出"升－平－降－升－平－降"的不均匀趋势，有"双高峰，一低谷"的数量特征。

在调研过程中还发现，公共空间各个区域人群密集时间与门诊流程所需时间、服务功能、医务人员值班时间等因素密切相关。例如，取药区的人群密集时间一般比挂号区人群密集时间晚，间隔时间约与门诊流程所需时间一致。对于某一区域而言，靠近服务柜台的区域有较强的聚集性，且越靠近服务窗口聚集性越强，而远离服务柜台的后三分之一区域主要为穿行区域。

2. 门诊公共空间热环境与热舒适度的调研

现场对各区域的就医人员的冷热感觉、干湿感觉、气流大小感觉和整体热舒适投票进行问卷调研，得出各门诊公共空间在现状热环境下的热舒适评价。整体上就医人员对门诊公共空间热舒适度的评价是秋冬季普遍比春夏季要差，大多都表达出秋冬季较暖甚至热的感受，同时认为风速偏小。

从不舒适评价的时空分布相对较差的评价依次在 6 层挂号区、2 层挂号综合区、2 层取药区等主要就医服务区。现场测量热环境结果显示，各区温度整体上表现为 6 层挂号 >2 层挂号综合区 ≈ 2 层取药区 >2 层通高区，所以评价结果与各区之间的温度差异是相对应的。另外，这些相对较差的评价覆盖了工作时间的全时段，可见在相对均匀且过度的热调节下，对热不舒适的评价也是均匀的。

3. 门诊公共空间的热环境与热舒适的特征

结合室内人员热舒适性现场调研和现场测试结果分析中发现，门诊公共空间一般来说可分为单层公共空间和高大公共空间，不同类型的公共空间具有不同的热环境与热舒适度特征。其中，单层公共空间的热环境与热舒适性普遍与空间面积和所处楼层高度有关，一般面积越小，所处楼层高度越高，空间温度越高，湿度越小，热舒适性越差；而高大空间的特征主要体现在热环境的垂直分层上，即随着高度升高，上部空间温度越高，湿度越小。

4. 改善医院室内热舒适性的应对措施

从公共空间的分布特征来看，室内人员分布不均是导致空间热调节的低效与能耗浪费的重要因素之一。为了提高空间的热舒适性同时减少能耗浪费，医院建筑的设计可考虑空间集约化设计以避免空间冗余，管理流程上可采用优化功能组织以优化就医流程，优化排班管理以缓解空间服务失衡等。针对 R 医院公共空间热舒适性提升可采取措施包括：医院公共空间的设计可采取调整公共空间的面积与层高、调整高大公共空间的封闭性、调整高大空间的室外面，以及调整公共空间的空调形式等。

（二）基于热舒适性的门诊候诊空间空调通风节能控制策略研究

医院候诊空间人员占用情况全天波动大，且人员分布情况随设施位置和诊疗流程变化较大。传统的恒定风量策略难以适应其复杂的占用特征。目前，不少研究者研究表明按需求控制通风策略是一种提升空调系统能源效率的有效措施，但至今未有详细的研究将需求控制通风应用于医院建筑候诊空间。

研究以 R 医院的皮肤科和心功能检查室为对象，根据视频数据和实地调研结果得出门诊空间 A 区和 B 区的空间使用人数、候诊人员空间位置和活动类型等数据。在此基础上，通过 CFD 仿真模拟探讨典型候诊空间内应用不同通风控制方案的节能和热舒适提升潜力。

1. 门诊候诊空间空调通风的三种不同的通风控制方案

（1）恒定风量系统　恒定风量送风模式始终保持 $1.62m^3/s$ 的恒定气流速率。根据对候诊空间人员在室情况的观察研究，送风口的运行时间制定为：早上 7:00 开启，晚上 18:00 关闭系统。

（2）设计风量系统　设计风量系统是根据候诊空间设计容量的新风需求设置的定风量系统。候诊空间的设计容量参考设置的座椅数量。根据设计容量，A 区保持 $0.92m^3/s$ 的恒定气流速率；B 区保持 $1.65m^3/s$ 的恒定气流速率。送风口的运行时间制定为：早上 7:00 开启，晚上 18:00 关闭系统。

（3）需求控制通风系统　需求控制通风模式是基于空间人员在室规律制定的。通风率按照 ASHRAE62.1（2019）标准设定，其中同时考虑了居住者的通风需求和建筑本身所需的通风需求。

2. 基于热舒适性的门诊候诊空间空调通风节能控制策略的评价指标

（1）PMV-PPD 指标　PMV-PPD 是人体在室内感觉冷热的两个指标，前者代表了同一环境中大多数人的冷热感觉的平均感觉，后者是预测环境中对冷热感不满意人群百分比，表示人群对热环境不满意的百分数。对于一般热舒适性，推荐的 PMV 范围是

|PMV|<0.5。

（2）全天室温极差　全天室温极差用于评估候诊空间全天室温的均匀性，极差值过大会造成热不适。在一天的不同时段，室温极差小表示全天室温较均匀，不会随着候诊空间停留人数的变化产生较大的室温变化；室温极差大表示室温受人员密度影响产生了较大的波动，会在人员密度大的时候产生过热、人员密度小的时候产生过冷的热感受。

（3）室内风速　气流速度较大的室内空间很难保证一个均匀的热舒适环境，为保证候诊空间使用区舒适度较为均匀，应尽量将室内风速控制在0.1m/s以内。

（4）通风效率　由于室内人员的呼吸、家具、设备和其他污染物排放等不同来源，建筑物内的空气从送风口到回风口逐渐受到污染。通风效率反映了空间排除污染物的能力。

（5）通风能耗　新风系统的能耗包括空调系统能耗和风机能耗。

3. 基于热舒适性的门诊候诊空间空调通风节能控制策略的研究结果

根据PMV–PPD、全天室温均匀性、室内风速、通风效率以及预冷效果等五个方面的模拟仿真比对，结果表明需求控制通风是根据实际通风需求自动调整气流速率以保证足够的室内的空气质量和热舒适度。在候诊空间实时需求控制通风能够大幅度提升候诊空间的热舒适度，提升候诊空间时间维度和空间维度的均匀性。避免了在人少时空间过冷，人多时通风量不足产生憋闷感的情况。同时，需求控制通风减少了人员占用率较低时的过度通风，在创造舒适空间的同时，实现空调系统约60%的能耗节约。

四、研究成果

1）医院建筑诊疗空间健康舒适环境需求与建筑节能降耗之间存在共性发展的潜力。医院建筑诊疗空间的人员绝大部分是就医人员，庞大的门诊流量负荷及动态移动负荷，导致诊疗空间需求配置较大的暖通空调设施，而常规设计中尚无考虑就医人员行为对用能需求的改变，比如出现人员密集区域热环境的不达、热舒适的评价不高等现象。因此，可寻求按区域需求设计及运维的冷热配置及控制措施，即分时段、分空间、按需求通风，达到提升环境和节能降耗的双重目标。

2）医院建筑候诊空间中的负荷主体是就医人员，就医人员的行为是影响建筑能耗的主要因素，但恰恰就医人员无法参与公共空间能源供给配置的调控，导致人员密集区能源供给不足，人员稀疏区能源极大浪费。因此，可寻求红外、影像等识别技术融入能耗运维管理，达到按人需、智能化地调控能源供给系统。

3）热环境及热舒适度评价方面，连接室外的空间（中庭、长廊等）总体热舒适度偏差；相同环境空间中，噪声大的区域比相对安静的区域，热舒适度明显下降。

4）就医人员在不同空间、时间、行为特征引导下，配合预设的、智能化的通风调控策略，预估可实现节能降耗 50% 以上。

五、研究展望

1）对于医院环境行为研究可进一步通过聚类分析等手段将候诊空间内活动的就诊人员类型化（如初诊、复诊、检查、治疗等），并挖掘行为背后更深层次的驱动因素，如缴费、报道、预约检查、检查结果复诊等复杂且有明显特征的诊疗因素。继而通过对这些动因进行合理规划和适当调整，引导候诊空间的占用情况趋于均匀。得到的规律特征可以更好地优化候诊环境，实现更精准的节能。

2）本研究创新性地将基于占用情况的 HVAC 控制思路引入候诊空间，不仅能够为通常使用评价较低的候诊区提升空间品质，消除就诊人员的热不适，还能够实现显著的能源节约。医院作为能耗最高的公共建筑之一，由于室内环境质量要求很高，其节能一直是个难题，在候诊空间中实施需求控制可以为医院节能研究提供一个新的思路。

3）本研究探讨了候诊空间内应用需求控制通风系统的潜力，但医院建筑既有的暖通空调系统如何通过适当的改造实现需求控制通风系统实时调控送风量，还需要得到进一步的研究和讨论。

作者：季柳金[1] 周颖[2] 蒋冬梅[1]

（1.江苏省建筑科学研究院有限公司；2.东南大学）

参考文献

［1］住房和城乡建设部 . GB 55016—2021，建筑环境通用规范［S］. 北京：中国建筑工业出版社，2021.

［2］Woutvan B. Interior lighting——Fundamentals, technology and application［M］. Springer Nature Switzerland AG, 2019.

［3］IES Light and Human Health Committee.IES TM-18-08, Light and Human Health: An Overview of the Impact of Optical Radiation on Visual, Circadian, Neuroendocrine, and Neurobehavioral Responses［S］.

［4］Commission Internationale de l'Eclairage. CIE S 026:2018, CIE System for metrology of optical radiation for ipRGC-Influenced responses to light irradiance［S］.

［5］赵建平，王书晓，高雅春 . 健康照明应用研究发展与展望［J］. 科学通报，2020，65（4）：300-310.

［6］中国建筑科学研究院 .GB 50033—2013，建筑采光设计标准［S］. 北京：建筑工业出版社，2013.

［7］张恭铭，张武广，赵建平，等 . 基于视觉疲劳的频闪评价实验研究［J］. 照明工程学报，2021，32（3）：142-145.

［8］中国建筑科学研究院有限公司 .T/CECS 45—2021，地下空间照明设计标准［S］. 上海：同济大学出版社，2021.

［9］Robert J. Lucas, Stuart N. Peirson, et al. Measuring and using light in the melanopsin age［J］. Trends in Neurosciences，2014, 37（1）：1-9.

［10］中国建筑科学研究院有限公司 .T/ASC 02—2021，健康建筑评价标准［S］. 北京：中国建筑工业出版社，2021.

［11］中国建筑科学研究院 .GB 50034—2013，建筑照明设计标准［S］. 北京：中国建筑工业出版社，2013.

［12］中国建筑科学研究院有限公司 .GB 51268—2017，绿色照明检测及评价标准［S］. 北京：中国建筑工业出版社，2017.

［13］中国建筑科学研究院有限公司 .GB 50378—2019，绿色建筑评价标准［S］. 北京：中国建筑工业出版社，2019.

［14］国家电光源质量监督检验中心 .GB 20145—2006，灯和灯系统的光生物安全性［S］. 北京：中国标准出版社，2006.

［15］叶谋杰，胡国霞，等．绿色公共建筑光环境提升技术应用指南［M］.上海：同济大学出版社，2021.

［16］叶琳．烹调油烟对健康危害的研究进展［J］.中国公共卫生，2003（5）：116-118.

［17］张腾飞，田玉琳.三面风幕式抽油烟机的性能研究［J］.暖通空调，2022，52（02）:153-158+74.

［18］黄伟稀，许影博，邱跃统，等．油烟机声学设计与试验研究[J].噪声与振动控制，2021，41（3）：252-258.

［19］邢双喜，潘舒，等．吸油烟机多叶离心风机的优化与改进［J］.华东科技，2020，66-67.

［20］冯琪，李嵩，高虹．吸油烟机多叶离心风机的优化与改进［J］.风机技术，2019，61（1）：41-45.

［21］中国五金制品协会．T/CNHA 1036—2021，吸油烟机静音分级评价规范［S］.北京：中国标准出版社，2021.

［22］崔立勇．中央吸油烟机解决居民油烟排放污染问题［J］.中国战略新兴产业，2018（9），35.

　　2016 年以来，我国健康建筑标准体系逐渐建立，为健康建筑、健康社区、健康小镇的实践推进提供了全过程、全专业的技术指导，项目实践成效显著。截至 2023 年 11 月，已有建筑面积 3082 万 m² 的 2428 栋建筑被授予健康建筑标识，建筑面积 1202.9 万 m² 的 34 个社区被授予健康社区标识，以及占地面积近 4200 万 m² 的 3 个小镇被授予健康小镇标识。

　　本篇从近两年获得健康建筑、健康社区、健康小镇标识的项目中，遴选出 7 个优秀案例，对案例项目基本情况、技术措施、实施效果、社会经济效益等方面进行介绍，为健康建成环境实践工作的开展提供借鉴。

健康建筑案例一：南京长江都市智慧总部项目

一、项目概况

南京长江都市智慧总部项目位于江苏省南京市秦淮区卡子门大街 19 号紫云智慧广场 4 号楼（图 5-1-1），总建筑面积 2.45 万 m²，2022 年 9 月依据《健康建筑评价标准》（T/ASC 02—2021）获得健康建筑运行标识三星级。

项目主要功能为办公建筑，共有 16 层，内部功能配置齐全，并通过绿色低碳的方式建造，突出绿色健康、舒适人文、科技智慧的特性，打造新一代办公建筑示范项目，彰显人文元素与企业关怀，让工作更舒适、更高效。

项目现已获得绿色建筑及健康建筑双三星运行标识、智慧办公建筑铂金级标识、江苏省建筑产业现代化优秀项目、江苏省新型建筑工业化技术集成示范项目、住房和城乡建设部智慧建筑科技示范工程等荣誉。

图 5-1-1　南京长江都市智慧总部项目实景图

二、主要技术措施

（一）空气

1. 绿色环保的装配化装修体系

项目在装修阶段规模化应用 SI 体系，建筑内 80% 的内墙采用轻钢龙骨隔墙及装配化墙板饰面，75% 的地面采用架空楼地面体系，实现 80% 的管线与结构体系分离。在实现空间可变的同时，通过装配化装修减少室内湿作业，通过工厂管控工业化部品部件的环保性能，确保室内污染物浓度达标。此外，项目室内装饰简洁大方，开敞办公区域均采用无吊顶设计，未采用任何天然石材与原木木材，充分体现绿色环保的理念（图 5-1-2）。

图 5-1-2 装配化装修施工实景图

2. 室内空气动态监测系统

项目自主开发了长江都市智慧建筑运维平台，通过 93 个多合一空气质量传感器实施监测并发布环境空气品质（温湿度、$PM_{2.5}$、PM_{10}、CO_2、TVOC），可自动生成年报、月报、周报曲线。同时，可基于全楼的空气品质数据自动计算室内空气质量表观指数 IAQI。室内空气品质与高效除霾新风系统联动，保障室内空气清新（图 5-1-3）。

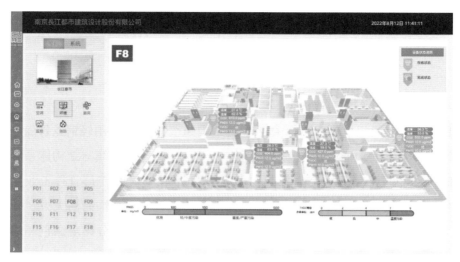

图 5-1-3　空气质量发布实景图

（二）水

1. 分质供水系统

根据用途不同实现分区分质供水。其中，饮用水采用单独立管供水，在立管上设置前置过滤器，经初步过滤后通往设于茶水间的末端直饮水机。茶水间远离卫生间15m 布置，有效防止卫生间细菌通过空气传播至饮水点产生二次污染（图 5-1-4）。

直饮水机上设有滤芯更换记录表，并组织物业管理人员定期检查 TDS 指标，根据巡检结果指导滤芯更换。

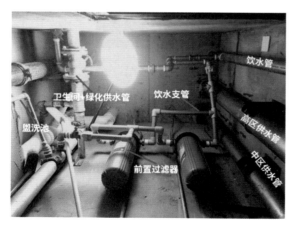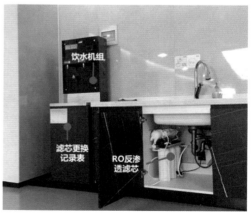

图 5-1-4　分质供水（左）与末端直饮机（右）实景图

项目在首层、顶层的水管井内设置 2 套水质在线监测设备，监测参数包括 pH、电导率、浊度、余氯等，其数据接入信息发布系统与智慧运维平台并实时发布，作为日常水质管理的判断依据之一（图 5-1-5）。

图 5-1-5　管道标识（左）与水质在线监测（右）实景图

2. 其他措施

此外，项目在加强用水管理及水质控制方面还采取了多项措施，包括给水管全部采用内衬不锈钢复合钢管、各类管道设置标识系统防止错接误接、聘请第三方机构每半年清洗生活水箱等。

（三）舒适

1. 兼顾隔声与通风的办公平面优化

项目打破核心筒设置于中部的传统，将核心筒移至通风采光最不利的北侧，该布局方式具有以下优点：

1）建筑平面布置更灵活，充分释放办公空间，有效空间比例提升 5.3%。

2）将噪声源集中布置，通过管井、楼梯间、走道层层递减，最大限度降低对办公区域的噪声影响（图 5-1-6）。

3）利用中部形成通路，更有利于自然通风形成对流，在非办公时段开启设备平台外门，增强通风效果。

4）使得楼梯间先于电梯间可见，倡导员工使用楼梯。

同时，顺应建筑平面，结构体系采用框架 - 屈曲约束支撑结构体系，相比传统框架 - 核心筒结构，优化后混凝土用量减少了 1177.24 m³，钢筋用量减少了 125.25 t，合计节约材料成本约 101.22 万元，降低碳排放 1789 t。

2. 自然通风 + 吊扇 + 新风的复合通风组合

除自然通风和新风系统外，整栋大楼的大开间办公室、培训室等使用频率较高的场所均设置吊扇，在过渡季节可加强空气对流，提供多种通风策略选择。吊扇风速可 6 档调节，并兼具正转、反转功能，正转降温、反转通风。

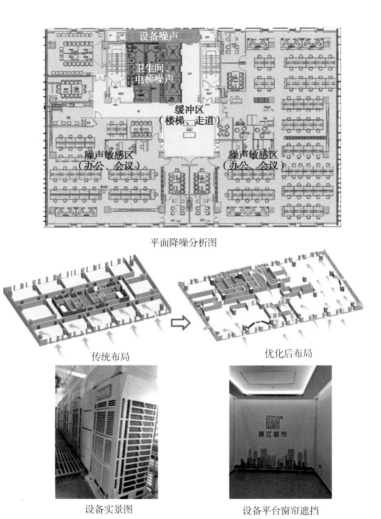

平面降噪分析图

传统布局　　　　　　　　优化后布局

设备实景图　　　　　　　　设备平台窗帘遮挡

图 5-1-6　建筑平面通风降噪示意图

3. 明亮的阅读空间

项目在顶层设置共享图书室，其采用智能模块化天窗，通过天窗以及遮阳系统的智能开关，可以实现夏季遮阳、春秋季自然通风及冬季采暖，在提供明亮的阅读空间的同时让大楼伴随季节呼吸（图 5-1-7）。

阶梯教室设有 6 组光导管（图 5-1-8），在不开灯的情况下即可满足日常使用需求。

4. 人体工程学设施

项目的主要使用者为建筑设计院的各专业设计人员，普遍存在工作强度大、久坐等情况，容易引发颈椎病、腰肌劳损等健康问题。因此，公司鼓励多姿态办公，设有升降会议桌与办公桌，缓解久坐疲劳，并为员工提供双显示屏及可调节支架，员工可根据自身需求申请领取。据统计，双屏及支架覆盖率已达到 50% 以上。

图 5-1-7 模块化天窗

图 5-1-8 光导管实景图

此外，标准工位的座椅采用"坐躺两用"的人体工程学座椅，除日常办公功能外，还可兼作午休床（图 5-1-9）。

双显示屏+可调节支架

坐姿模式

午休模式

图 5-1-9 人体工程学设施实景图

（四）健身

1. 多样化的运动场所

项目充分响应"全民健身"理念，建筑内部提供 6 大运动选择（有氧、无氧、瑜伽、桌球、羽毛球、乒乓球），如图 5-1-10 所示。室外还设有篮球场 1 处、网球场 1 处、足球场 2 处、碎片化健身场所 2 处、健身步道 1 条。丰富的运动场景可满足员工多样化的运动需求（图 5-1-11）。在健身房附近还设有淋浴，方便运动后冲洗，提升运动体验。

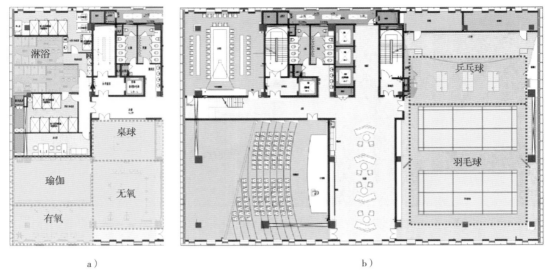

图 5-1-10 建筑内部运动场所布局

a）17 层 b）18 层

图 5-1-11 室内健身设施实景图

2. 倡导使用楼梯

项目通过平面布局优化，使得楼梯间先于电梯间可见，并将经营层、二线管理部门设置于中部楼层，为倡导员工使用楼梯带来便利。楼梯间内设有鼓励使用楼梯的标语，倡导员工"上 3 层、下 4 层"优先使用楼梯（图 5-1-12）。

图 5-1-12　鼓励使用楼梯的标语

（五）人文

1. 趣味多元的办公空间

项目摒弃传统的封闭式工位办公，强调办公空间的多样性、互通性、文化性，更好地促进不同部门间沟通协作，提高工作效率。通过增加空间的趣味性，鼓励员工展示自我，积极参与企业文化建设，公司乔迁后举办了"最美办公室"及"十佳工位"评选活动，同建美好"新家"（图 5-1-13）。

2. 亲自然性设计

项目打造"垂直绿化 – 工位绿化 – 绿化角"的三级绿化体系，大幅度改善办公室微气候，拉进城市与自然的距离。1层、9层、10层公共空间设置垂直绿

 开放办公区

 休闲办公

 小组讨论

 共享办公位

 圆桌会议

 独立办公舱

图 5-1-13　多场景办公与企业文化展示实景图

177

化背景墙；3层、8层的外立面凹廊设有立体绿化；同时将不易利用的角落打造为绿化角，楼内处处是美景，给员工创造一个"会呼吸的"健康生态办公空间（图5-1-14）。

图 5-1-14　室内绿化实景图

3. 人文关怀设计

大楼设有睡眠舱休息室，舱内提供被褥、音乐、充电设施，方便员工休憩使用。为了方便职场妈妈，在女员工休息室内设置专用母婴关怀区，并配有冰箱、座椅、洗手池等设施。考虑孕妇行动不便，还设有爱心专用舱及孕妇专用床（图5-1-15）。

图 5-1-15　人文关怀设计布局

此外，基于个人隐私保护的考量，淋浴隔间采用洗浴与更衣一体化设计，相比洗浴、更衣分开设置更加彰显人文元素。淋浴器采用恒温龙头，防止冷激与烫伤，淋浴器高度可根据使用者需求自由调节（图 5-1-16）。

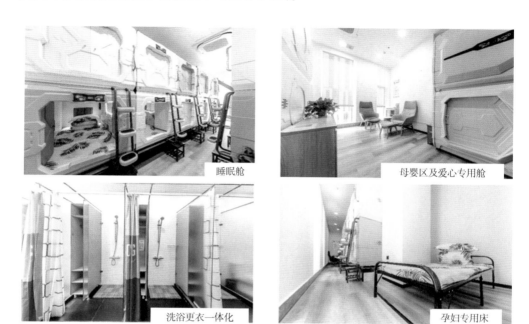

睡眠舱　　　　　　　　母婴区及爱心专用舱
洗浴更衣一体化　　　　　　　　孕妇专用床

图 5-1-16　人文设施实景图

（六）服务

1. 智慧运营中心

大楼依托阿里巴巴中台，采用云、管、边、连、端一体的智慧建筑架构体系，打造长江都市智慧运营中心，并充分利用 BIM 运维，实现各个子系统信息的互通和管理。通过对系统数据的集中监测和控制、子系统间的数据交互，使得建筑内的各系统均可以运行在各自最佳工况，并持续进化、迭代、升级。

2. 洁污分区的员工餐厅

员工餐厅充分考虑就餐动线，将食物加工区和餐具清洁区完全分离，降低交叉污染风险，保障食品安全。整个流线形成循环，提高就餐效率，在离开动线上增加洗手区，提升细节使用感受（图 5-1-17、图 5-1-18）。

员工餐厅采用智慧餐盘系统，基于人脸识别技术结账，大幅度缩短排队时间。同时，该系统带有营养成分显示功能，可根据选购的菜品自动生成每顿食物的营养成分配比。此外，项目还设有员工健康、食品安全两大专员共同保障员工健康，二者依据菜品销量数据、营养成分数据定期升级菜谱，倡导健康的饮食结构。

图 5-1-17　员工餐厅动线设计

污碟回收区及洗手区

售卖区

图 5-1-18　员工餐厅实景图

3. 健康促进宣传

依托智慧系统，项目构建了"首层入口—各层楼梯间—电梯内—工作软件"4级健康信息发布系统。结合春、夏、秋、冬四大主题定期制作宣传海报，在餐厅播放"中国居民膳食指南""食品安全五大科普"等健康科普知识（图 5-1-19）。

除此之外，总部定期举办各类文体比赛，包括篮球赛、乒乓球赛、羽毛球赛、龙舟赛、趣味运动会等，还设立多个兴趣小组并聘请专业人员指导，逢青年节、妇女节、儿童节等节日还举办主题活动、健康讲座等，营造良好的文化氛围，丰富员工的业余生活。

图 5-1-19　健康宣传海报厅实景图

三、社会经济效益

本项目在设计、运维的全过程中贯彻以人为本的理念，依据项目实际使用需求选择适宜的技术，主要通过低碳空间设计、装配化装修体系、人文设计等措施，突出绿色健康、舒适人文、科技智慧的特性，打造新一代办公建筑示范项目，单位面积增量成本仅为 81.38 元 /m²，具有较强的可复制性和影响力。其中，项目所采用的装配化装修技术、智慧运维平台的研发等成果已在同类项目中得到推广和应用，起到了较好的示范作用，在一定程度上推动了区域内健康建筑的发展。

除此之外，项目提供充足的健身运动场地为员工健康素养的提升创造了有利的条件，员工对建筑内部设施的满意率居高不下。据初步统计，约 93% 的员工每天会使用楼梯 1 次，羽毛球场的使用率达到 95% 以上，并成功举办了羽毛球赛、乒乓球赛等一系列体育活动，呼应了"健康中国"和"全民健身"的号召。

四、总结

南京长江都市智慧总部项目在设计中坚持"以人为本"的理念，用技术提升环境，以标准控制质量，因地制宜地选用各项技术，将员工的健康和建筑节能有机融合，全方位提升了使用者的健康水平。项目倡导优先采用建筑设计手法实现建筑性能提升，如通过建筑平面优化，解决了平面噪声源的问题，并促进室内自然通风和采光，为员工提供了舒适愉悦、充满活力的工作环境。同时，自主研发的运维平台以及运维团队的精心维护，使得建筑富有生命力，真正做到了绿色、健康运营，是一栋具有较高示范价值、富有人文关怀的绿色健康建筑。

作者：姜楠

（南京长江都市建筑设计股份有限公司）

健康建筑案例二：香港新界粉岭马适路 One Innovale 住宅项目

一、项目概况

项目位于香港新界粉岭，总用地面积 16187 m²，总建筑面积 74390 m²，地上总面积 66414 m²，地下总面积 7976 m²。项目共包含 5 栋高层住宅建筑及 1 栋配套会所建筑，其中住宅楼 A、B、C 座为 20 层，D、E 座为 15 层（图 5-2-1）。

项目遵循创新运用先进科技的设计理念，致力于打造本地最优秀的健康住宅小区。

图 5-2-1　项目整体效果图

二、主要技术措施

（一）空气——多重防线保障居民健康

为应对此前疫情期间空气质量带来的健康风险，项目的可持续发展咨询团队结合科学理论及流体力学计算研发了两项空气净化相关的专利，国家知识产权局评价为"具有新颖性"。

第一项专利是被称为"净化消毒门廊"的空气净化系统：每一户住宅内均于顶棚内安装此系统，系统内的装置可以联动智能家居系统，收集空气品质监测器的信息，适时启动净化系统。该系统也连接住户大楼的进出系统，在住户到达住宅大堂时，可预先提前启动净化装置。

第二项专利则是"智能灭菌电梯"：小区内的电梯轿厢均配置此空气净化系统，该系统能实时监察电梯内的空气品质包括室内颗粒物（$PM_{2.5}$、PM_{10}）及臭氧。通过电梯内的物联传感器连接、双极离子器、紫外线消毒灯和升级版的通风设备，系统可按实时的空气质量水平，自动开启电梯内的消毒装置，调节净化效能及增强通风，并实时降低空气污染物浓度及杀灭细菌病毒。

在公共区域，如住宅大堂和会所内，均配置了管道式的空气净化装置，确保住户在公共区域的空气质量健康。

在建筑设计方面，由两座相连大楼组成高 22 m、宽 17 m 的拱门，令视觉效果更通透，形成有助带动空气流动的通风门廊，也为小区环境增加建筑特色。

（二）水——水质监测保障

本项目特设有水质监测系统，主要监测小区内住宅楼和会所的生活饮用水、非传统水源、游泳池水的质量。监测项目包含浊度、余氯、酸性值、总溶解固体等，持续监测生活用水水质，有效地管理水质污染及疾病传播风险。

除了提供安全的用水，为有效提高公共卫生意识，小区的户外公共游乐及休息区域均设有洗手设施以方便住户洗手，保障住户的健康，以减低感染疾病的风险。

针对香港的多雨气候，项目在室外区域采用多排水盖技术（这也是该项专利在香港住宅项目中的首次应用）配合园景疏水物料提供优良的物理阻隔、承托力和排水性能，有效减少积水及蚊虫滋生。

项目中的萤火虫花园也采用非传统水源的雨水收集和回收系统，使用砂滤过滤、活性炭过滤、生物介质反应、紫外线消毒等处理设备来处理所收集雨水。经处理的雨水将用于萤火虫花园中的水景用水，利用天然雨水资源协助维系小区内生物多样性。

（三）舒适——科学设计自然环境

位于项目中庭的四季花园采用景观建筑顾问特选的四季花卉和植物及艺术元素，随着四季变化来更换花景，帮助住户调整身心、怡情养神。

项目研发了"天气树"装置，可以监控并显示整个小区众多环境指标，如温度、湿度及颗粒物等，反馈到手机应用程序上并发出相应环境设备和家居设施控制操作的建议（图 5-2-2）。

图 5-2-2 会所及"天气树"效果图

考虑到社区微环境是打造健康舒适的室外环境至关重要的一环，团队反复计算周边环境的微气候的流体力学特征，在园区内特别设计了一道导风板，通过调整导风板最佳位置、形状及大小来进行空气引流，提升园区内的风环境舒适度。"天气树"同时能实时监测并于导风板上显示气温、湿度、颗粒物（PM_{10}）读数，使住户可以轻松通过灯效变化得知室外的环境。

住宅大楼和会所均采用大面宽玻璃并附带阳台，提供了极佳的采光条件及视野条件。大楼玻璃幕墙设计为三层玻璃，能有效阻隔 99.4% 的紫外线，保护住户的眼睛、皮肤、屋内设施和家具。住宅的门窗则采用低辐射中空玻璃，紫外线阻隔率达 84% 以上，同时有良好的隔热及隔声性能，从而达到节能效果，并提高住户的私密性。

（四）健身——全天候及全方位的配置

小区内提供多元化的健身与休闲设施，譬如供住户散步的庭中四季花园、供孩童玩耍的儿童游乐区和供宠物游玩的宠物乐园。小区的会所及设备均从住户的身心健康、活动多样性等切实的角度出发进行设计。小区范围内的室内外均设有健身场地，住户不仅可以全天候享用室内健身设备，也可以置身在大自然环境中在室外锻炼身心。室内的健身室配备有心肺功能训练器材及力量训练器材协助日常的锻炼，更有中国国家队同款的专业滑雪训练仿真器供住户体验。同时，健身室内设有智能健身镜，住户只需轻触屏幕选择合适的课堂，即可开始健身，宛如配备个人的专属随身教练。人工智能监测系统会监测住户的身体支点，追踪身体动作，并提供实时建议和卡路里信息。

此外，会所底层设有恒温泳池和儿童嬉水池，顶层设有室外游泳池配套，比如水下自行车及水下跑步机供住户们康健训练用，还有水上电影院为住户们提供家庭亲子聚会适宜的休闲场所。项目还设置了室外瑜伽空间，鼓励住户多使用室外的设施从而加强跟大自然的联系。室内外的健身设备及空间均充分考虑了所有年龄层的身心需要。

（五）人文——建立和谐的环境

本项目通过公共空间的设计和配置让住户可以轻松建立健康的生活习惯，同时促进邻里交流。会所中交流设施包括餐厅、雅座、厨乐教室、日光浴场、顶层的烧烤区、水上电影院、健身房、瑜伽室和儿童游乐区。项目还设立了全香港首个智能水耕式农场，采用新型的农场管理模式并结合科技有效监测，为住户们提供"从农场到餐桌"的餐饮服务，让住户直接享受"零距离"的新鲜食材。在室外园区、小区花园也划分了城中农场区域，为住户提供传统农耕体验，通过互相协作的体验模式来增进和谐的家庭关系。

项目致力建立一个长期的生态系统，例如与生态学家 Roger Kendrick 博士合作并经过环境分析设计的蝴蝶花园，以及与萤火虫生态学家 Mark Mak 合作打造的香港首个住宅项目中的专属萤火虫栖息地。除了为地区的自然恢复做出贡献，生态花园可让住户参观以实现亲近自然、促进精神健康、与自然和谐共处的目的。

（六）服务——关注健康与便捷

在疫情防控时期，项目与时俱进地创造了"零接触回家流程"。大门入口设置无接触感应设备，可用蓝牙、扫二维码或刷卡的方式开门，用手机应用程序呼叫电梯到指定楼层。会所门、卫生间门及坐便器坐盖也可以通过感应开关，最大限度降低交叉感染风险，保障使用者安全。

小区特别设计的智能家居系统除了连接家庭电器及空气净化功能外，还附有安排电梯服务、提示住户取件的智能信箱功能、预约会所设施、设置智能门锁等功能。智能家居应用程序方便住户随时随地一键控制室内环境。同时，每户配备移动传感器，可以定制如洗手间照明系统的开关等。住户可以通过应用程序获得"天气树"提供的实时环境信息，并根据环境信息控制窗户开启及照明设施。应用程序也设有管理平台，便于物业管理人员有效管理小区内的机电设备和水质监测系统。

此外，项目设有智能送餐机服务，免除外卖员进出小区送餐，节省外卖员时间，提高小区内安全管理，并降低人与人接触带来的病毒传播风险。送餐机内每格均设紫外线消毒系统，为无病毒环境进一步保驾护航。送餐机能独自乘坐电梯，将食物送到住户门口，然后发信息提醒住户提取食物，为住户的日常生活提供安全、安心和便利的服务。

三、实施效果

One Innovale 项目团队采用科学的方法全面推广"建设健康小区与建筑空间，倡导健康生活"的理念，反映了恒基兆业地产对可持续发展的承诺。面对全球疫情的挑战，项目秉承以人为本的设计理念，切实解决住户对绿色健康建筑的迫切需求。

项目的设计落实了多项香港住宅首创技术，注重绿色及健康的建筑设计，同时关注疫情影响，全面升级并持续关注疫情后的小区内各项设施与设计。

在这些健康设计的思想指导下，整个项目荣获中国健康建筑标识 2021 年新版标准的铂金级认证、香港地区住宅项目的首个 WELL 2.0 标准铂金级中期认证、以及香港绿建环评（BEAM Plus）的金级预认证。在 2021 年香港环保建筑大奖（Green Building Award）中，本项目获得了"新建建筑"类别的优异奖。业界人士也于健康建筑分享会议上认同该项目的前瞻性及创新性，对未来的新建项目具有高度启发性。

四、社会经济效益

本项目的健康设计理念突出，使得项目在推向市场后获得了大量媒体及市民的关注。众多购房者对本项目的先进健康设计理念表示认可，而其优秀的健康设计更是促进了项目的宣传与销售。该项目的成功无疑反映了大众对绿色健康建筑的需求及认同，令该项目成为行业内健康小区的典范。

该项目的绿色健康建筑设计造价约为 2000 万港元。基于全生命周期的成本理论，虽然绿色建筑需要一定的额外成本，但其设计、选材及节能效果能提高项目的整体经济效益；而且项目对提高住户的健康水平、减少生病率、改善住户生活习惯、促进使用绿色交通工具，以及维系邻里关系均有潜在的、深远的、前瞻的积极影响。项目宜人的环境和创新的科技应用更是提升了住户及物业管理人员的工作效率，也能在潜移默化中带来长远的社会效益；而项目当中更是引入生态多样性的概念，使项目更进一步迈向可持续发展的设计。

五、总结

本项目是恒基兆业地产在健康住宅开发领域的一次成功尝试，采用"以人为本"的设计运营理念，遵循"可持续发展"的原则，致力于打造崭新的居住方式，为住户在高楼林立的香港提供一个优雅舒适的避风港。

通过运用上述创新策略落实中国健康建筑评价标准的设计理念和要求，项目可以成为本地市场的健康住宅代表，推动香港住宅类项目在健康建筑方向的探索和发展。

作者：郭文祥[1]　吴树强[1]　欧颖清[1]　陈志荣[2]　郑世有[2]

（1.恒基兆业地产公司；2.奥雅纳公司）

健康建筑案例三：中海领潮大厦（深圳后海中心区 G-08 地块）

一、项目概况

中海领潮大厦坐落在中国总部企业密集区域之一的深圳后海总部基地片区。该片区正处于粤港澳大湾区核心区域，是深圳生态景观环境最好的城市核心区，拥有深圳湾稀缺的景观资源。项目总占地面积 4144.52 m^2，总建筑面积 61276.82 m^2，地上 21 层，地下 5 层（图 5-3-1）。

项目主要功能为总部办公，主要由办公、商业、食堂、物业服务用房等功能房间构成，项目在绿色节能的基础之上运用先进的健康建筑设计理念和技术，凭借健康、低碳和智慧的前沿设计方案，获得健康建筑三星级设计标识，国内首个 5A 级高层写字楼近零能耗建筑，并取得 LEED 金级预认证、WELL 金级预认证和绿色建筑三星级预评价。

图 5-3-1　中海领潮大厦外景图

二、主要技术措施

项目基于对深圳常年气候、风向、光热、人文条件的深度分析，从规划布局、自然通风、自然采光及照明、用水体系、办公体系以及文化体系等方面，最大程度在绿色健康的基础之上降低建筑用能需求，打造健康、舒适、节能、环保的建筑环境。并且在建筑的全程设计中巧妙融入了包含室内气候调节、室内空气品质、健康高效照明、室内声优化、环境友好用水、人性办公、健康文化和健康智能平台健康体系。

（一）室内气候调节体系

1. 通过规划布局，实现建筑"先天绿"

设计充分借鉴岭南传统建筑设计，岭南传统建筑设计中低碳理念的运用体现在许多方面。城市建筑和风貌是地域性的产物，与所在地区的地理气候、地形地貌和城市环境有机融合。建筑本身可以通过合理的设计布局来实现冬暖夏凉、自然通风，比如岭南地区的一些传统建筑就很好地实现了遮阳、隔热、防潮的功能。岭南传统建筑的布局方式在适应自然气候条件下，积累了对建筑使用低碳技术的智慧和经验，使之既能实现建筑的排湿散热，又能满足建筑的遮阳降温。

结合广东地区的建筑理论和实践，岭南建筑可持续性方面可归纳为建筑通风、建筑遮阳隔热、建筑环境降温、建筑防灾处理、建筑结合地形5个设计要点（图5-3-2、图5-3-3），为建筑低碳设计提供了借鉴。

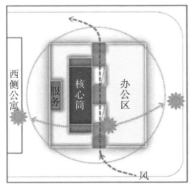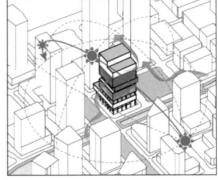

图5-3-2　因地制宜的中庭设计图

在建筑布局上采用梳式布局和密集式布局，在平面布置中采用核心筒偏置（图5-3-4）、中庭拔风设计组织自然通风（图5-3-5）。户内空间单元通过不同组合形成通风体系，风压通风与热压通风相互配合，达到建筑最佳通风状态，主要通过三间两廊、竹筒屋、西关大屋、骑楼等建筑形式进行设计。

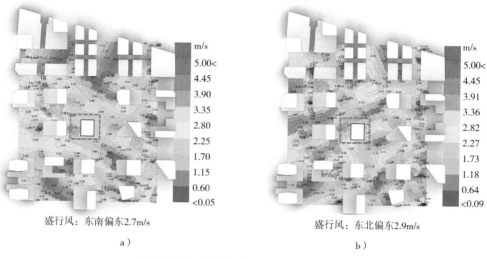

盛行风：东南偏东2.7m/s

a）

盛行风：东北偏东2.9m/s

b）

图 5-3-3　夏季及冬季风环境测算图

a）夏季　b）冬季

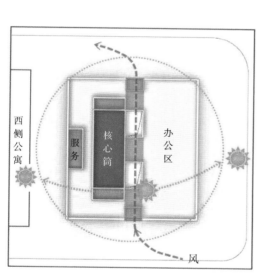

图 5-3-4　偏筒＋贯穿式中庭通风示意

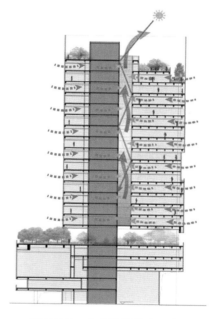

图 5-3-5　中庭拔风效应示意

考虑建筑通风与采光，岭南建筑学人探讨满足室内空间功能性需求，并考虑岭南建筑注重室内通风与采光等功能性需求，具体做法有：在重檐之间预留空间，在屋顶设置烟囱，在圈梁上或山墙面开窗，外墙面大面积开窗，室内或者地下室设置高窗，等等。在建筑的遮阳设计上，考虑岭南的自然气候与人的感受影响，主要有通风百叶透气窗的设计。

本案作为岭南建筑中的现代创新应用，结合当今低碳健康建筑的理念，因地制宜，通过规划布局和空间组织手法适应炎热潮湿气候。岭南特色的低碳建筑需结合地域气候，在建筑全寿命过程中，通过降低资源消耗，实现与自然的共生；鼓励被动式节能，侧重遮阳、隔热、通风等方面。通过对岭南传统建筑的借鉴，采用贯穿式中庭布置，引入"穿堂风"，实现建筑"先天绿"。

2. 双冷源空调系统

项目 7 到 20 层办公及展厅采用温湿度独立控制系统，具有双冷源空调系统。温湿度独立控制系统是降低能耗、改善室内环境、与能源结构匹配的有效途径。系统无冷凝水的潮湿表面，送风空气品质高，确保室内人员舒适健康，真正实现室内温度、湿度独立调节，精确控制室内参数，提高人体舒适性。办公环境的温度由主动冷梁承担，配置高温冷源，其室内的分布如图 5-3-6 所示，中海会议室 PAU 的控制方式如图 5-3-7 所示。湿度由组合式新风处理机组承担，配置低温冷源。办公环境相关技术要求见表 5-3-1。

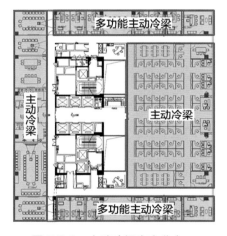
图 5-3-6　主动冷梁室内分布

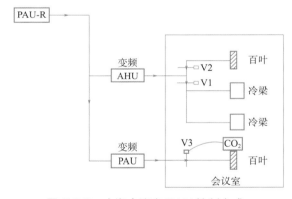
图 5-3-7　中海会议室 PAU 控制方式

表 5-3-1　办公环境相关技术要求

夏季	温度 26℃，湿度 40%~60%
冬季	温度 20℃，湿度 40%~60%
热湿环境整体评价	I 级
吹风感不满意率 LPD_1	I 级
垂直温差不满意率 LPD_2	I 级
地板表面温度不满意率 LPD_3	I 级

3. 空调末端防结露措施

项目考虑到空调舒适度的问题，在空调系统的设计方面和设备的选取方面都着重考虑了空调结露的问题。针对空调系统，根据室内空调参数计算室内露点温度，进而冷梁供回水温度高于露点温度。在设备选取方面，主动冷梁（图 5-3-8）适用于会议室、开敞式办公区域，此区域在空调运行期间，不建议开启外窗，避免风口结露。图 5-3-9 展示了主动冷梁工作原理，基于此空调系统进行室内气流组织模拟，可以看出室内空气温度与气流速度均呈现出良好的效果。

图 5-3-8　主动冷梁

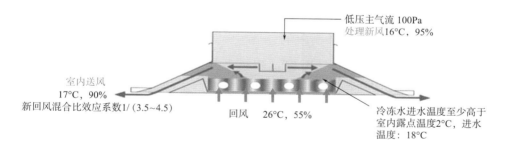

低压主气流 100Pa
处理新风 16℃，95%

室内送风
17℃，90%
新回风混合比效应系数 1/（3.5~4.5）

回风　26℃，55%

冷冻水进水温度至少高于
室内露点温度 2℃，进水
温度：18℃

温度剖面图　　　速度剖面图

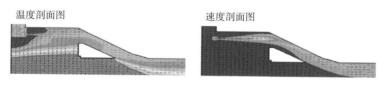

图 5-3-9　主动冷梁工作原理

（二）室内空气品质体系

项目在对室内空气品质的把控上，不仅在源头处做到了控制污染源，还设置了独立新风系统、空气过滤系统以及空气监控系统。绿色建材采购也符合项目制定的装饰材料的污染物限量标准，总体控制甲醛含量 ≤ 0.03mg/m³，TVOC ≤ 0.2mg/m³，其中甲醛控制浓度更是比肩世界最严苛的芬兰 S1 级标准 0.030 mg/m³，图 5-3-10 展示了各类甲醛浓度的控制标准。并且项目在装饰和家具的选取上做到合理控制木饰面积及木质家具数量。

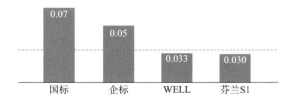

图 5-3-10　各类甲醛浓度的控制标准

办公楼设置有集中新风系统，并且所有的风机盘管均设置有紫外线杀菌装置。对于苯、甲醛、TVOC 等污染物的除菌效率均达到 80% 以上。设置有 PM_{10}、$PM_{2.5}$、CO_2 浓度监测系统，传感器安装高度为距楼面 2 m，空气监测系统记录间隔不超过 10 min。办公大堂设置有 LED 显示屏，可以实时显示建筑内各监测点室内空气污染物指标数据。新风机组采用 G4 粗效过滤器和 F8 微静电过滤器，组合式空调机组采用 G4 粗效过滤器及 F8 微静电过滤器；20 层办公组合式空调机组采用 G4 粗效过滤器及离子瀑消毒净化装置。风机盘管机组回风口设置铝质过滤网。经计算，本项目室内 $PM_{2.5}$ 年平均浓度为 21.23 μg/m³，PM_{10} 年平均浓度为 33.93 μg/m³。

地下车库设置有与排风联动的 CO 浓度监测系统，通风可依照 CO 浓度实现低速或高速运行。

在施工全过程中，推动健康无污染装修全过程管控的实施，从源头控制甲醛、TVOC 等长期挥发室内空气污染物。严格确保工艺工法符合环保要求，严格控制非环保添加剂（如混凝土氨水、装修胶粘剂）的使用，而且在关键过程节点进行空气品质检测与验收，全方位控制室内污染物的释放。项目在设计过程中进行空气污染数值分析与样板间实验，CFD 数值分析，为装修设计与材料采购提供指导；通过样板间实验、实测，确保整体结果符合指标要求（图 5-3-11）。

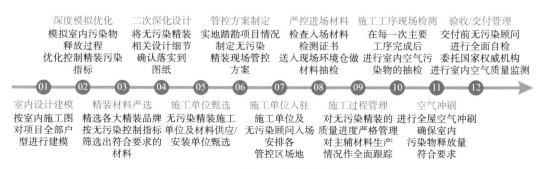

图 5-3-11　健康无污染装修流程示意图

（三）健康高效照明体系

在照明设计中，项目基于不同的工作场景，根据照度传感器调节照度；根据不同时间段、不同的工作状态调整照度，在提高工作效率的基础之上确保舒适的照明环境。将节能照明、节律照明与创新互联巧妙地结合在设计之中，打造健康高效的照明体系。图 5-3-12 和图 5-3-13 展示了典型办公墙面照度伪色分布以及典型会议室平均照度，两种参数可以表明室内均匀的亮度分布与合理的照度大小。

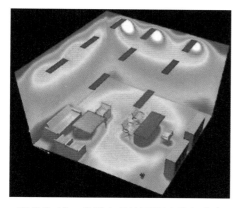

图 5-3-12　典型办公墙面照度伪色分布

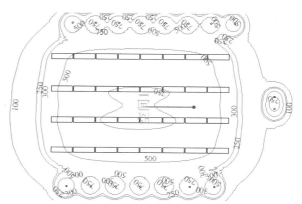

图 5-3-13　典型会议室平均照度图

（四）室内声优化体系

按照室内不同的功能分区进行设计，室内噪声的控制同时满足健康建筑、WELL V2 和绿建三星的最高得分取值，不同功能房间的噪声控制目标见表 5-3-2。

表 5-3-2　不同功能房间的噪声控制目标

会议室	室内背景噪声 ≤ 35dB，混响时间小于 0.8s
独立办公室	室内背景噪声 ≤ 35dB
大开间办公	室内背景噪声 ≤ 40dB，语言清晰度指标 > 0.5
静音走廊	顶棚使用吸声材料增大吸声系数，地板面层使用地毯防止撞击声

室内噪声优化体系，形成组合式的室内噪声优化措施，分别从隔声、吸声、消声和声遮掩四个方面制定相关标准和构造措施。例如，顶棚和地面都严格控制交付标准，比如一块地毯的选择，隔声作为重要因素。并且在办公区设置电话间、小型讨论室等声遮掩设施，减少相互干扰。图 5-3-14 和图 5-3-15 分别展示了吸声顶棚与吸声地毯。

图 5-3-14　吸声顶棚

图 5-3-15　吸声地毯

（五）环境友好用水体系

办公楼茶水间设置有分散式直饮水设备净水系统。给水立管和水表后冷、热水管均采用不锈钢管。

供水体系采用反渗透技术的管道式直饮水系统，与微滤、超滤、纳滤相比，反渗透具有更高的过滤等级，可以达到 0.0001μm，有效滤除水中的有害物质。过滤后的水基本上是纯水，并能很好地解决水垢、水碱问题，建立环境友好的用水体系，优化直饮水各类指标，且高于国家标准及 WELL 标准（表 5-3-3）。另外，生活储水箱采用食品级，设置自洁消毒器，实现水质 24 h 在线监测，为全楼提供健康给水。

表 5-3-3　水质标准对比

水质标准	《生活饮用水卫生标准》（GB 5749—2022）	《饮用净水水质标准》CJ/T 94—2005	WELL V2	中海健康企标
溶解性总固体 TDS/（mg/L）	1500	500	500	500
总硬度 /（mg/L）	550	300	—	150
氯化物 /（mg/L）	300	250	250	100

（六）人性办公体系

人性办公也是未来办公发展的重要趋势之一，为保持工作与生活平衡，提供人性化办公场所的必要性与重要性不言而喻。这不仅能提高人们对办公场所的好感度，更能实现工作与生活的完美结合，提升员工的授权感、参与感和成就感。越来越多的企业领导认识到，创造一个符合人性化的办公环境对于促进企业和员工的共同发展至关重要，这对于企业吸引、留住人才具有极其重要的意义。

中海的人性化办公体系，在旗下的自由办公产品得到了广泛的应用，采用人体工程学的办公设施，例如可调整工位（图 5-3-16）、健身工位（图 5-3-17），配置冥想空间（图 5-3-18）、睡眠空间、能量补给站（图 5-3-19）等，并且为员工设置了包含乒乓球室、台球室、歌舞室、瑜伽室以及有氧器械区等可供健身娱乐的空间（图5-3-20、图5-3-21），并配套有淋浴间和更衣室，方便健身人员使用。

图 5-3-16　可调整工位

图 5-3-17　健身工位

图 5-3-18　冥想空间

图 5-3-19　能量补给站

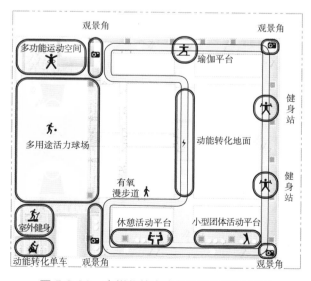

图 5-3-20　多样化的室内外健身空间示意图

图 5-3-21　多样化的室内外健身设施

（七）健康文化体系

项目在建筑裙房顶层设屋顶花园，屋顶绿化结合小型都市农场（图 5-3-22）给绿色建筑的设计起到不小的增色作用。屋顶花园结合室外休闲空间、瑜伽区、聚会用餐区、室外活动区、工作区等打造嘈杂城市环境中的静心休憩场所，而绿化屋顶的植物覆盖层可以吸收部分有害气体，吸附空气中的粉尘，具有净化空气的作用。屋顶绿化不仅在塑造建筑健康和谐环境中起着关键作用，还可在增加城市绿地面积、改善城市热岛效应、减少沙尘暴对人类的危害、美化城市环境、改善生态环境等方面发挥重要作用。

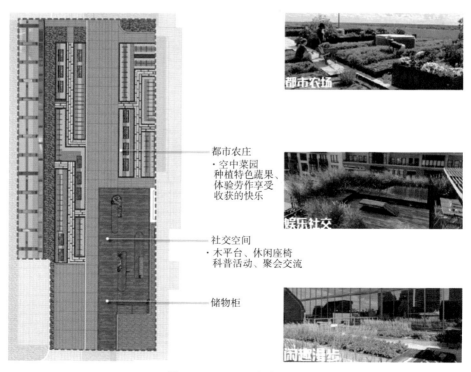

都市农庄
·空中菜园
种植特色蔬果、
体验劳作享受
收获的快乐

社交空间
·木平台、休闲座椅
科普活动、聚会交流

储物柜

图 5-3-22　屋顶都市农场

在方便娱乐休息之余，项目还为员工打造了方便运动健身的篮球场。篮球场结合丰富的色彩设计，不仅可以吸引员工积极参与运动，还可打造成网红打卡地。在方便员工健身的同时，架空层篮球场的设计极大地保证了员工的安全舒适，在周围设置 4 m 或者更高的安全护栏，铺设弹性层，做好隔声减振处理，面层铺设材料需耐磨、防滑、防水，还要有很好的弹性（图 5-3-23）。

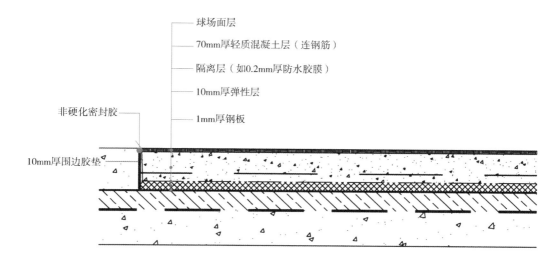

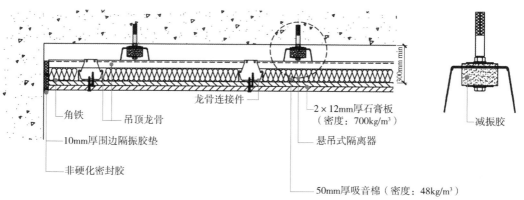

备注：
悬吊式隔离器及吊顶龙骨的排布及尺寸，须由供应商根据承重计算确定。主要设备的承重须承支于结构上。所有机电设备及管道须安装于隔声顶棚下方。于安装石膏板前确定吊杆位置，避免大量破坏石膏板。吊杆穿越石膏板的位置须妥善密封。

图 5-3-23　架空层篮球场隔声减震做法

（八）健康智能平台体系

智能建筑正在改变行业的运营方式，并促使数据驱动的建筑比以往任何时候都更高效、更经济、更安全。建筑的办公智慧体系囊括了室内空气监测、智能温湿度管理、智能管线管理、智能光照度管理、智能声环境监测、云平台数据处理、智能会议、能源计量管理八大系统，使建筑使用者极大程度地领略了现代科技带来的高品质办公环境。在提高能源效率和降低运营成本的同时，保证了建筑环境的舒适度，极大地提升了办公效率。

通过从智能建筑现场收集数据，可以对这些数据进行分析，并用于提高准确性、降低成本和优化安全措施。数据分析可用于改善建筑现场实践的几乎各个方面。

（九）智慧管理平台

智慧管理平台是建筑内部信息、建筑运行状况以及气象参数的展示平台（图 5-3-24）。建筑使用者可以直观地看到建筑的使用情况以及建筑外部的环境，包括建筑内设备的运行参数也可以详细地看到。利用智慧管理平台可提升运营管理水平，打造健康、环保、节能的办公生活环境。

图 5-3-24　智慧管理平台

三、总结

保持健康是实现幸福的重要基础，中海秉持"以人为本"的健康理念，全面提升总部大厦的健康策略，包括改善空气、水质、舒适、健身和人文等方面，提供了提高办公室健康水平的全新思路。作为中海的新总部大楼，项目集中体现了"功能理性、性能优先、科技领先、高效运维"的价值导向，致力于为大湾区注入城市的高品质建筑之一。中海将以总部大厦示范工程为契机，持续秉承绿色低碳、智能健康的产品策略，引领行业变革，响应国家"双碳"战略和"健康中国2030"战略，创新引领房地产、建筑业健康绿色低碳新发展。

作者：刘兰　蒋晓洲　葛允超　廖安平　郭贻帅
（中海企业发展集团有限公司深圳公司）

健康社区案例一：中国绿发济南领秀城项目

一、项目概况

中国绿发济南领秀城项目位于济南市中区，由中国绿发山东亘富公司投资建设。项目规划占地 5237 亩，规划建筑面积 543 万 m^2（图 5-4-1）。该项目以"城市投资建设运营一体化"为发展定位，以满足人民日益增长的美好生活需求为己任，将绿色可持续发展理念贯穿始终，坚持"一纸蓝图绘到底"，按照"顶层策划、整体规划、分步实施、滚动开发"思路，十八年来累计交付 3 万户，入住业主超过 11 万人。

2021 年 6 月项目依据《健康社区评价标准》（T/CECS 650—2020）获评"全域健康社区运营标识金级认证"，成为全国首个规模最大的健康社区，标志着项目在空气、水、舒适、健身、人文、服务、创新等方面健康技术应用处于行业领先水平，实现了从普通住宅向绿色建筑、再到健康社区的质的飞跃。

图 5-4-1　济南领秀城鸟瞰实景图

二、主要技术措施

（一）空气

1. 室外空气健康

在社区大环境方面，依托天然的生态资源优势，打造了"三山九公园"（泉子山、鳌子山、望花楼山），整个社区的绿化面积达 3000 余亩，绿化覆盖率达 60% 以上，人均面积 $15m^2$，高于规范 7 倍（人均 $2m^2$）之多，被称为"济南的后花园"（图 5-4-2）。在园区环境方面，小区内设置小型气象站，实时监测室外空气的温度、湿度以及 $PM_{2.5}$、PM_{10}、氮氧化合物等相关污染物信息。在室内环境方面，各小区开发建设过程中均采用环保建材，尤其是新建精装项目实现 100% 的环保建材应用；配备过滤效率 98% 以上的新风除霾系统，高效过滤空气中的 $PM_{0.3}$、$PM_{2.5}$ 和 PM_{10}，保证室内和园区空气品质。

图 5-4-2 济南领秀城绿化环境

此外，为保护社区室外空气环境，领秀城针对社区垃圾转运站、垃圾收集点等污染气体排放设施进行合理规划，尽量避开当地主导风向上风向位置，防止垃圾堆放产生的有害气体随大气散逸至社区居民生活空间。社区内垃圾桶全部设有可开启桶盖，严格实施垃圾分类政策，每天定时对垃圾收集转运，避免对人体感官体验及身体健康产生不利影响。周边种植枝叶茂密且具备良好除臭效果的树种、花草，可对污染物的扩散起到一定的阻挡和滞留作用，通过生态净化方式提升污染源头区域空气品质，最大程度减少小镇日常污废物清运过程所带来的环境负效应。

2. 山体修复及绿化设计

济南领秀城旧址原有多处采石场、石灰矿，山体破损严重，室外空气条件恶劣。中国绿发自开始建设就高度重视生态问题，经长期科学治理，修复破碎山体 6 处，面积超过 30 万 m²，种植树木超 40 种、10 万余株，利用和优化地块内和地块周边的生态环境，选用无毒无害适合济南市的植物进行绿植设计，考虑居民对原生态山景及自然环境的需求，保留和优化坡地景观，创造一个宜人的绿化空间体系，保护山体结构及环山生态环境。社区山体修复前后对比图如图 5-4-3 所示。

图 5-4-3　社区山体修复前后对比图

（二）水

1. 健康安全水体

社区人工景观水体均满足人们在近水、涉水及嬉水过程中的行动安全要求，水体周边安全防护措施满足现行国家标准《公园设计规范》（GB 51192—2016）及《居住区环境景观设计导则》等相关规范文件要求。其中景观水体无防护设施的人工驳岸，近岸 2.0 m 范围内的常水位水深小于 0.7 m；无防护设施的驳岸与常水位的垂直距离小于 0.5 m。

社区各小区设置直饮水机、饮料贩卖机，服务半径不大于 100 m，确保健身场地人员可以及时获取水分，保证运动人员人身健康。并由厂商定期对直饮水机、饮料贩卖机进行清洗和水质公示。

新建项目执行"泉水直饮"民生工程，原水取自 500 m 以下的优质地下泉水，经过高效过滤杀菌后送至户内，确保居民饮用水安全。

2. 水质检测

室外排水采用雨、污分流制度，项目污水接入小区污水检查井，经化粪池处理后，排至市政污水管网，部分污水排放至领秀城中水站进行再利用；雨水排水通过两路排入周边的市政雨水管网。无雨污管道混接现象。领秀城西北部设置有中水处理站，回收社区污水，对污水进行处理回用。设置在线监测系统，上传至市政水务系统，保证水质实时监控。

3. 生态水体设施

项目结合当地地形，进行重力排水。整体地势南高北低、东高西低，极限地势高差 82 m，南北高差 72 m。区内南北向原有两条排水沟，合理利用地形和现有水体整改为泄洪沟，泄洪沟沿山体布置，充分拦截雨水，以确保项目在极端天气情况时各项功能的正常使用，同时在泄洪沟适当地点结合景观设计增加美观程度，适当位置设置挡水坝，以拦截雨水，充分利用雨洪资源，补给地下水。领秀城山体部分充分设置生态水体系统，以确保雨水的充分利用（图5-4-4）。

（三）舒适

1. 舒适声环境

除了选址远离产生噪声污染的设施外，社区运用其他措施减少社区外部因素带来的噪声。社区主干路均在两侧设置了宽度为 3 m 以上的绿化带以及围墙，且毗邻规划绿地，对于社区西侧及北侧的城市交通快速路，道路两边设置隔声板及在北侧和南侧通过布置商场、生鲜超市、水泵房等空间，使得社区西北两侧住宅未与城市快速路直

生态滞留池
海绵植物
生态滤水石笼
绿色屋顶
生态滤池
蓄水池

图 5-4-4   生态水体系统

接相邻，有效降低了城市交通噪声对社区环境的干扰。项目运行期间社区内部噪声源主要为交通和人员噪声，声环境敏感处设置限速、禁止鸣笛标志，道路两旁种植高大树木，使得交通噪声经过绿化衰减后对社区居民生活负面影响降低；人员噪声方面由业主及物业自觉维护，并设置活动时间提醒牌等降低人员生活噪声的影响。社区内风通道流线通畅，场地内人活动区未出现涡旋或无风区，因而室外空气循环较好，保证自然通风的同时也可避免灰尘等污染物的集聚。

2. 舒适风环境

济南市属于温带季风气候，位于东经 117.05°、北纬 36.60°，平均海拔 51.6 m。夏季室外平均风速 2.8 m/s，夏季最多风向为西南风；冬季室外平均风速 2.9 m/s，冬季最多风向为东风，全年最多风向为西南风。结合当地气候特征，项目规划了街道路网和公园绿地，形成通风廊道，强化通风（图 5-4-5）。

（四）健身

1. 运动场地健康

坚守生态优先，项目内打造超 30 km 登山步道，犹如碧绿项链串联起泉子山、鳌子山、望花楼山三座青山。健身步道设休息区、健康知识宣传栏，每隔 300m 有步数

图 5-4-5 领秀城通风廊道

和消耗能量提示、安全警示牌等内容，结合绿色开敞空间、景观带及公园的优美环境，为市民提供了健身运动、健康知识和相互交流的理想路线。

社区设置多处室内外活动场地，包括 2.3 万 m^2 室外健身场地和 1 万多 m^2 的两个大型室内运动健身俱乐部，配备健身中心、网球场等多功能运动场馆。室外健身场地开放到夜间，最大限度保证居民的运动需求，既是良好的运动场所，也是休闲放松的舒适载体（图 5-4-6、图 5-4-7）。

图 5-4-6 社区步道实景图

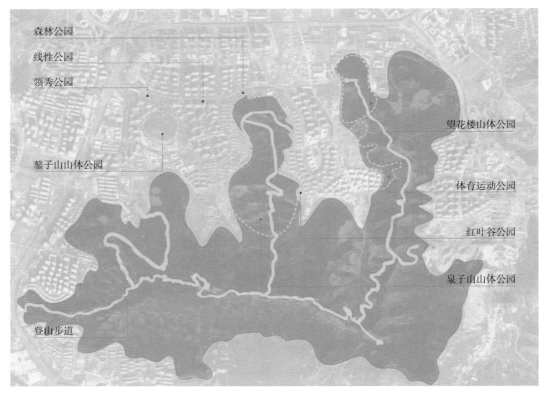

森林公园
线性公园
领秀公园
鳌子山山体公园
登山步道
望花楼山体公园
体育运动公园
红叶谷公园
泉子山山体公园

图 5-4-7 社区运动场地及漫步道路示意图

2. 休憩场地健康

社区设置人员专属休憩娱乐场地，包括老年人活动场地、儿童游乐场所，打造全龄健身空间。老年人的活动场地配置多台健身器材，用于身体各部位的康复训练与日常锻炼。配置座椅若干个，规划遮阴措施、无障碍设施、信息公告栏、垃圾箱等符合老年人需求的设施。活动场地大寒日可以获得连续 4 h 以上的日照时长。儿童游乐场地采用防滑柔软的地面铺装材料，配置游乐设施与家长看护区，场地在大寒日能够获得 4 h 的连续日照，阳光充足。通过完善休闲配套设施，实现全龄化、全场景的健康社区休闲空间设计。满足"不少于 50% 面积的儿童游乐场地及老年人活动场地"的日照条件，满足现行国家标准《城市居住区规划设计标准》（GB 50180—2018）的有关规定（图 5-4-8）。

（五）人文

1. 文化归属心理健康

社区成立属于自己的社区兴趣社群，已有 25 个兴趣社群，覆盖全年龄层次业主，每年举办活动 1200 余场，吸引近 3 万人次业主参与。社区居民通过不断的接洽和沟通，

图 5-4-8 领秀城森林公园俯视图

从业主中间寻找了一批有专业资源、有兴趣特长的社群意见领袖，以他们为核心开展各类社群活动、公益课程、志愿者服务，以售楼处和社区内业主活动室作为社群活动空间，不定期举办社群群主交流会和社群兴趣活动，给人以强烈的文化归属感和社区认同感。

2.强健体魄身体健康

为了推动全民健身运动，增强居民体质，领秀城依托于森林环山路、公园活力运动场等生态设施优势，高标准打造生态品牌赛事运动集群，先后举办马拉松、足球、篮球、羽毛球、太极、健美操等丰富的体育竞赛活动，着力倡导运动健康生活新方式（图 5-4-9）。

图 5-4-9 社区举办的体育赛事

图 5-4-9　社区举办的体育赛事（续）

（六）服务

1. 商业服务

项目内建设了大型高端商业综合体填补区域空白，成为汇聚高端酒店、商务中心、品牌旗舰店等多种功能为一体的"一站式"办公消费中心，给市民群众带来多元化精神享受和个性化体验，成为济南南部新的文化、金融、商贸和生活居住中心。72 万 m^2 商业贯穿邻里，每个小区配备完善的商业配套，满足周边居民消费需求，以贵和商业为中心，社区商业配套为点，形成"15 分钟生活圈"（图 5-4-10）。

图 5-4-10　商业中心

2. 教育配套服务

在各级地方政府的关心支持下，形成"10所幼儿园 +4 所小学 +3 所初中 +1 所高中"18 所名校一站式教育格局。首创"名校 + 名企"合作模式，引进全市最优质的教育资源，满足全龄段教育需求（图 5-4-11）。

图 5-4-11　教育配套

3. 养老医疗配套服务

建设综合性医院（在建）1 处，设有社区卫生服务中心、社区卫生服务站 2 个。此外，中国绿发与日本知名养老机构美坻合作，落位中国绿发首个国际康养示范项目，提供机构养老和居家养老等全域康养服务（图 5-4-12）。

图 5-4-12　医疗配套

三、实施效果

中国绿发济南领秀城以"推进绿色发展、建设美丽中国"为己任，经过十八年的滚动开发，已经把领秀城打造成为涵盖住宅、商场、酒店、办公、教育、医疗及康养等多产品业态、全生命周期的品质大盘，也是济南配套最完善、功能最齐全、口碑最响亮、入住人口最多的综合性大型社区。通过产品创新实现了从普通住宅向绿色建筑、从单体健康建筑向全域健康社区质的飞跃。通过对济南领秀城全域健康性能提升，在专项规划设计中秉承"绿色、低碳、科技、民生"建设理念与技术策略，为社区居民营造良好的自然生态环境，营造舒适的室外声、光、风、热湿环境，提供高品质的居住环境体验。同时深化社区服务，提供完善的公共活动空间与配套设施，促进生活、生态相融合，创造和谐宜居的健康生活方式，在促进居民身心健康发展方面发挥出重要功效。

四、社会经济效益

中国绿发济南领秀城自开发以来，累计上缴税费 105 亿元，为地方经济发展做出了突出贡献。同时，项目累计入住市场主体超 3000 户（其中法人主体 350 户、个体工商约 2650 户），直接提供就业岗位超 1.5 万个，辐射拉动周边片区 3.5 万人就业。项目深刻践行"健康中国"发展战略，投资 1155 万元进行健康设备和配套的升级，主要用于建设室外气象站、社区标识系统、健身器材、室外直饮水设施、健身步道铺装等，为社区居民创造了健康的居住环境。

我国健康城市运动发起于 1989 年，健康社区则是其最初的建设内容之一。健康城市的推进需要多项工作在社区中进行，因此健康社区也是我国健康城市在社区层面得以实现的"细胞工程"，二者相伴而生。济南领秀城"健康社区"在济南生动落地，将国内健康建筑、健康社区带入了由设计到运营的新阶段，也为中国未来健康社区的创建发挥了引领和示范作用，创造了更大价值。

五、总结

中国绿发济南领秀城作为全国最大的健康社区运营项目，以满足人民美好生活为己任，坚持在发展中保障和改善民生，把为人民创造美好生活转化成生动的社会实践，努力让绿色健康发展成果惠及更多人民，实现了经济效益、社会效益、生态效益的全面协调和高度统一。

未来，中国绿发济南领秀城将持续贯彻绿色可持续发展理念，践行"碳达峰·碳中和"行动，为"高质量发展"国家战略注入新动能。从空间规划与发展、可持续环境、绿色经济、社会责任、文化传承以及健康人居环境升级等方面持续发力，优化健康社区设计要点，创造一座与自然和谐共生的绿色健康家园。

作者：强锋[1]　仵苍峰[1]　金鹏[1]　田哲[1]　张金生[1]　陈一傲[2]
（1.中国绿发投资集团有限公司；2.中国建筑科学研究院有限公司）

健康社区案例二：上海东原·璞阅项目

一、项目概况

上海东原·璞阅项目（图5-5-1）位于上海市奉贤区，由上海东霖房地产开发有限公司投资建设，上海原构设计咨询有限公司设计。项目住宅的总用地面积为60787.40 m²，总建筑面积为145310.84 m²。其中地上建筑面积为99629.4 m²，地下建筑面积为45681.44 m²。项目东地块为东原集团代建的庄行公园，公园总面积约为4.3万 m²。居住地块及庄行公园的总用地面积为10.37万 m²，统一命名上海东原·璞阅项目进行健康社区申报，其中住宅部分于2020年8月份依据《健康建筑评价标准》（T/ASC 02—2016）获得健康建筑二星级设计标识，2020年9月依据《健康社区评价标准》（T/CECS 650—2020，T/CSUS 01—2020）获得铂金级设计标识。

图5-5-1　上海东原·璞阅项目效果图

项目主要功能为住宅和养老，地块内主要建设住宅建筑和 1 栋自持养老公寓及其公辅设施，项目内部设有公共食堂和儿童教育空间。项目设计充分考虑业态及居住人群，公园为周边居民提供了丰富多样和便捷有趣的户外空间，更为周边社区提供了丰富且全龄友好的社区活动。公园内设有儿童游乐区域、运动场所、业主自留地、精致花园、老人活动空间、小剧场、节气类活动、健身器材、篮球场、健身步道等设施，图 5-5-1 为项目效果图，庄行公园的流萤社区后期将由东原物业自主运营，为住户提供交流活动空间。

二、主要技术措施

（一）空气

1. 室内空气

项目采用多联机空调系统 + 亚高效新风系统，设置 $PM_{2.5}$ 新风过滤系统以及地板辐射采暖。外窗的气密性达到 7 级以上，通风、空调系统的通风量按系统计算风量的 5% ~ 10% 附加选型，风压按系统计算的总压力损失的 10% ~ 15% 附加选型，多台风机并联运行的通风系统，在每个管道上设止回阀。通过以上措施进行了室内颗粒物预评估分析，最终 $PM_{2.5}$ 的年均浓度为 $7.23\mu g/m^3$，PM_{10} 的年均浓度为 $9.46\mu g/m^3$，限值均满足要求。

同时，项目在公共活动区域、老年人服务中心、流萤社区等地方也设置了亚高效新风过滤系统，保证活动区域的空气环境质量。

2. 室外空气

项目在场地内设置了空气质量环境监测及公示系统，同时在场地内设置了多个空气监测点位，高层部分分别在人行主要空间活动区、童梦童享部分设置了空气监测点位，主要监测内容为 $PM_{2.5}$、PM_{10}、NO_2、O_3、温湿度等。

项目的主要出入口为北边和西边的出入口，主要出入口部分设置了显示器，实时显示场地内的空气环境质量，告知住户选择合适的时间进行室外活动。

3. 禁烟措施

社区内设置 5 个禁烟区，分别为公共配套用房、中心绿地、水上会客厅、水院及西南门入口附近，并在其主要出入口设置禁烟标志。另外将东侧公园主要公共活动区域如流萤社区、五悦花园、儿童娱乐区设为禁烟区，并在出入口附近设置禁烟标志。

（二）水

1. 生活饮用水及直饮水

项目生活饮用水采取严格的供水管理制度，生活供水设施须经由专业消毒单位清洗和消毒，并检测合格后方可投入使用。生活水池每季度清洗一次，并且进行水样抽取及送检，由外委单位安排人员将水样送至卫生防疫站受检，如《卫生检测结果报告单》结果为不合格时，应由工程部主管安排重新清洗和消毒水池（箱）。必要时请卫生防疫站部门派人监督全过程，直至检测合格为止。

同时项目每户均设置了净水系统，在中心绿地、水上会客厅、童梦童享、公共食堂与屋顶花园、多层区水院林院石院、公园流萤广场区域周边设置饮料贩售机，其服务半径不大于 200 m。

2. 游泳池水及非传统水源

本项目西南角设置雨水收集蓄水池，收集的雨水经处理后用于绿化灌溉、道路冲洗、景观用水，水质满足《城市污水再生利用 绿地灌溉水质》（GB/T 25499—2010）、《城市污水再生利用 景观环境用水水质》（GB/T 18921—2019）的要求。本项目高层区南侧 19 号楼旁童梦童享旱喷泉游乐场地水质采用游泳池用水级别，水质满足《游泳池水质标准》（CJ/T 244—2016）要求。

本项目景观水体使用非传统水源补水，19 号楼下设置水处理机房，处理后水质满足《地表水环境质量标准》（GB 3838—2002）要求。

（三）舒适

1. 噪声环境

本项目地处奉贤区庄行镇，附近车流量较小，另外在地块南侧设置 7.88 m 宽绿化庭院，以降低噪声，东侧设置 4.9 m 宽复层绿化带，北侧设置 7.2 m 宽复层绿化带，有效降低噪声。考虑到本项目建成后周边噪声环境情况的复杂性，本项目使用软件分别模拟计算昼间和夜间噪声值，包括项目场地的平面噪声分布、噪声敏感建筑的沿建筑物底轮廓线 1.5 m 高度处和噪声敏感建筑立面噪声分布，并依据《声环境功能区划分技术规范》（GB/T 15190—2014）进行声环境判定。

2. 室外风环境

本项目位于上海市奉贤区庄行镇，为亚热带季风性气候，社区用地地势平缓，由于该社区夏季景观茂盛，从结果上能明显地改善社区室外风速分布情况。社区与庄行公园景观较大地减缓了主要迎风风向的风速并重新组织了社区风环境，有利于室外散热、污染物消散，结合当地气候与社区水景，使该社区具有较好的热湿环境体验。

从场地整体流场情况来看，社区内洋房与社区主要通道、庄行公园东西两侧景观和公园内保育区形成了连续开敞的、条带状的、均匀的适宜（整体风速于 1~2m/s 之间）风速带，流场得到了较好的组织，使该社区活动区域未出现漩涡，提高了场地人行舒适，使庄行公园与社区建筑群在冬季主要盛行风向中获得连续、开敞的通风廊道。

3. 室外光环境

本项目景观照明分手动和自动控制，自动采用定时控制开关，并采取智能照明系统根据时段调节照明光输出，熄灯时段一般照明光输出降低 30% 以上。灯具按区域、按功用（普通照明、增强普通照明、景观效果照明、特效照明）划分回路，以达到按需开启（可采用时控与光控相结合方式）的功能效果。

项目属 E3 区，满足《城市夜景照明设计规范》（JGJ/T 163—2008）第 7.0.2 条第 1 款"居住建筑窗户外表面产生的垂直面照度熄灯时段前最大允许值为 10 lx、熄灯时段最大允许值为 2 lx"的要求。

（四）健身

本项目场地内设置了健身场地，主要位于自持住宅，健身场地包括门球场和健身器材设施。主要的健身设施有：蹬力器（锻炼腿部力量、腿部肌肉协作和控制能力）、单杠（增强肩带肌群力量，改善肩关节柔韧性，提高手、脑协调能力）、太空漫步机（下肢运动，增进心肺功能，提高心血管耐力，特别适用于老年人）和立式旋转器（提高腰、背部肌肉的柔韧性，锻炼腰腹部、腹内外斜肌、竖脊肌、活动腰椎各关节，特别适合久坐人群缓解身体疲劳）。

本项目社区东侧设庄行公园，由东原集团代建，其中流萤社区等为本项目自管，本项目东侧有社区专用大门进出庄行公园，图 5-5-2 为本项目健身空间布置图。庄行公园户外运动区域设置了 800 m 环线慢跑步道，跑道铺装塑胶，供居民进行跑步运动；此外庄行公园南侧也设置了一个百米健身步道，具有竞技的用途。公园还设置了趣味运动器材，例如小型攀岩场等。

（五）人文

本项目在区域内设置了"童梦童享"儿童综合游乐场地，设施的用水经过了多轮的净化，为社区内的小朋友提供了一个精致的儿童游乐场地，图 5-5-3 为童梦童享的效果图，图 5-5-4 为建设完成后实景。

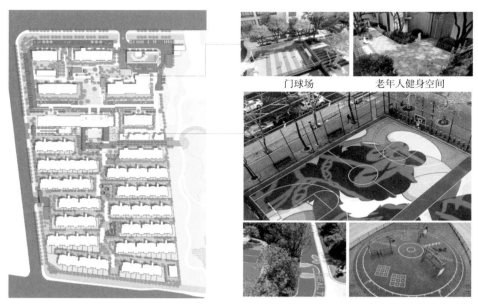

门球场　　　　　　　老年人健身空间

图 5-5-2　上海东原·璞阅项目健身空间布置图

露娜二号　　　　　　　　激流地喷区

图 5-5-3　上海东原·璞阅童梦童享效果图

图 5-5-4　上海东原·璞阅童梦童享建设完成后实景

此外本项目还在附近的绿地公园设置了丰富的儿童游乐设施，例如沙坑、滑梯、爬网、树屋等，供儿童嬉戏游乐。公园打造了"流萤社区"等多个主题乐园。

流萤中心紧靠项目地块且为本项目开发商建造，设有室内儿童活动室，本项目场地东侧设有直通"流萤中心"的道路。

公园设置儿童游乐区"萤萤邻里乐园"，图 5-5-5 所示为儿童活动空间效果图，乐园用形象童趣的手法吸引儿童在游乐中认识萤火虫及其生境中的邻居们，运用钻洞、蜘蛛蹦床、萤火虫溜索等模拟自然界动物们的行为模式，激发儿童对大自然的兴趣与好奇心，从而在生态保育区探索自然，真正地认识乡土物种。

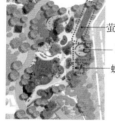

图 5-5-5　上海东原·璞阅儿童活动空间效果图

为保证儿童游戏时的安全，在游乐场地周边设置了多个座椅供家长进行看护和休息，同时这个场地也可供家长之间交流。

三、社会经济效益

本项目是集住宅和养老公寓一体化的项目，重视"社区与家无界"的理念，重点考虑了室内的环境和室外环境的营造，打破室内外的界限。住宅与养老公寓一体化的模式可以减少老年人的社会费用，为其提供安全的居住环境，为家庭提供良好的休闲环境。

同时为了更好地为社区营造健身交流空间，项目采取公园统一建造的新模式，打造更加趣味性、更加全龄化的空间。同时项目自营其中的社区服务中心，引进海派文化，打造社区文化新标杆。

健康社区落地成为当地可持续发展的示范，有利于激发本地政府、民众及其他社会资源的参与及有效的利用，同时增强当地的自我调节能力，加强当地的社会组织能力，并促进当地的社会经济发展。

四、总结

项目设计严格参考《健康社区评价标准》（T/CECS 650—2020，T/CSUS 01—2020），室内均为精装修设计，采用了多联机空调机组＋新风过滤系统（亚高效级）、地暖系统等技术措施保证健康环境质量。同时精心设计室外活动空间及周边公园，自营社区服务中心，开创了地产开发的新模式。最终实现规划、医学、卫生、建筑、心理、健身、环境、管理等多学科的集成，是健康社区实践发展中的一次优秀的探索和尝试。

作者：徐子涵

（中国建筑技术集团有限公司华东分公司）

健康小镇案例一：河北华中小镇项目

一、项目概况

河北华中小镇位于保定市涞源县白石山镇，由河北华中集团涞源华中房地产开发有限公司投资建设，中国建筑科学研究院有限公司设计，总规划用地面积 800 余万 m^2，2022 年 8 月依据《健康小镇评价标准》（T/CECS 710—2020）获得健康小镇铂金级设计标识。

华中小镇以大健康产业为核心，聚合健康人居、健康养疗、健康文旅、健康运动、健康农业、健康服务六大产业，布局商业服务区、温泉商业区、休闲居住区、山地艺术区、山地运动区、生态农业区，发展温泉康养度假、生态农业旅游、民俗文化体验、山地户外运动、国际文化交流等多类型业态。依托自然生态环境条件、地热资源、旅游资源以及现状产业基础，以"绿色产业"推动新型城镇化建设，构建宜养、宜居、宜游、宜商、宜业的中华生命健康福地，为小镇居民提供身体全要素、生态全环境康养服务。河北华中小镇鸟瞰效果图如图 5-6-1 所示。

图 5-6-1 河北华中小镇鸟瞰效果图

二、主要技术措施

（一）空气

1.垃圾污染管控

为适应现代化城镇建设发展需求，华中小镇建立了完善的环卫管理服务体系，实现市政基础设施的全面规划与合理布局。小镇各地块均设有封闭垃圾集中收集点，且充分考虑到室外风环境对污染气体散逸的不利影响；各规划单元核心区域设置垃圾转运站，以实现高效便捷的垃圾转运与分类。同时制定了严格的垃圾处理管理制度，在垃圾收集、运输、堆放过程中保证垃圾的全程密闭，防止因污染气体扩散小镇而给小镇居民带来不悦的生活体验及健康隐患。

2.新能源充电设施

为满足小镇居民及外来游客健康、绿色的出行需求，华中小镇积极响应国家低碳号召，于主要功能地块内设置数量充足的新能源汽车充电桩，并应用创新技术保证车辆电池充电过程中的安全性，实现智能化建设。车主可通过手机 APP 平台定位充电设施地理位置，并准确获悉设备运行状态，利用智能化平台实现小镇公共服务能力的综合提升。此外，小镇房车营地内同样设有完备的公共充电桩及充电接口，并借此开创了涞源县房车旅游精品路线，为小镇居民及游客带来全景式、个性化的健康小镇度假体验（图 5-6-2）。

图 5-6-2　小镇房车营地及充电设施实景图

3.空气质量监测

本项目依据《环境空气质量监测点位布设技术规范（试行）》（HJ 664—2013）的相关规定，于白石山温泉度假区、白石山居春华园、采薇园内合理布设小镇环境空气质量监测点位（图 5-6-3），用于监测小镇 $PM_{2.5}$、PM_{10}、SO_2、NO_2 等主要大气污染物以及温度、湿度、风向等气象信息，结合 LED 屏幕实时显示大气环境数据，为小镇健康效应评估提供数据支撑。同时，也可向小镇居民推送雷暴、沙尘等气象灾害预警信息，最大程度降低恶劣天气给小镇居民带来的健康风险。

图 5-6-3　小镇空气质量监测系统及土壤墒情监测系统

4. 镇域景观绿化

华中小镇充分利用周边山体、河道、交通线景观资源，实现山水联动，共同交织渗透形成以"绿环、绿带、绿廊、绿块"为主的点线面结合的网络状绿地结构框架，构建"一环串珠、绿山环抱、多廊凝翠、多园星缀、增绿添香"的绿地系统结构。小镇内成片种植的高大乔木是保证"凉城"特色的必要条件，不仅可以起到阻滞、吸附飘尘的作用，还能够吸收大气中的 SO_2、HF 等有害污染物，从而对空气起到净化作用，在改善小镇大气环境、增进居民身心健康方面发挥重要功效（图 5-6-4）。

图 5-6-4　小镇自然生态景观实景图

（二）水

1. 地表水环境质量

涞源素有"泉城"美誉，河流多由泉群喷涌汇聚形成。在地表水资源开发利用方面，华中小镇努力构建"环水映山侧成岭，青峰白峰沃湖池"的独特自然景观，注重滨水空间的保护和综合利用，塑造富于变化的特色城镇空间。小镇规划范围内的水景资源主要为白石河支流，具备良好的观赏性。根据《涞源县跨界河流断面水质检测报告》，镇域地表水环境质量满足现行国家标准《地表水环境质量标准》（GB 3838—2002）Ⅱ类水质标准。

2. 绿色雨水设施

华中小镇内绿地、河流、公园及风景旅游区的规划建设，均结合镇域雨水系统、自然与人工水体的空间布局进行合理规划。基于天然洼地、坑塘、河流、沟渠，通过设置雨水花园、下凹式绿地、人工湖等人工雨水调蓄设施，实现削减雨水径流、控制径流污染、保护水环境的目的，建立一种良性的雨水资源的动态平衡。同时兼顾景观价值，通过复层绿化、近水景观等元素营造绿色生态景观空间。

3. 室外饮水设施

能及时获得饮用水是确保身体健康的基础，本项目根据居民生活实际需求，合理规划多处商业网点及饮料自动售卖机，保障小镇居民能够及时便捷地获得健康饮用水。室外饮水设施均具备良好的可达性，服务范围覆盖小镇公园、休闲广场、体育设施等主要公共活动区。为保证室外饮水设施的正常运行，小镇管理部门设置了科学完善的运行管理制度，包括设备巡查、运行维护、保养清洁等工作，保证小镇居民进行户外活动时拥有良好的生活体验（图 5-6-5）。

图 5-6-5　小镇室外饮料自动售卖机及商业网点实景图

（三）舒适

1. 健康声环境

良好的声环境关系着小镇居民的健康生活、工作、休息状态，华中小镇在规划设计中充分考虑场地环境噪声影响，将商业、娱乐等生活噪声明显业态集中设置，减少对小镇居住区、文教区的负面影响。交通干线则通过设置限速标志及减速设施，一定程度上控制交通噪声的产生。沿线景观区域通过种植树冠高大、叶片茂密的乔灌木，利用一定纵深的复层绿化隔声带降低并维持场地声环境水平。

2. 舒适光环境

华中小镇极为注重景观照明与环境艺术的协调性，意图营造温馨、宁静舒适的安居环境。小镇室外功能性照明光源均具备良好的光色品质，一般显色指数不低于80，色温不高于4000K，色容差不大于5SDCM。采用高光效、低能耗、低谐波的绿色节能照明产品，在满足公共活动区域照度基本要求前提下，尽可能给人以温和优雅、舒适安静的视觉感官（图5-6-6）。

图 5-6-6 小镇夜景照明实景图

（四）健身

1. 健康运动中心

华中小镇着力为居民提供全方位的健康生活方式，实现足不出户就能享受健康运动。小镇健康运动管理中心不同于传统健身房，而是特别引入体成分检测仪、心率带等设备，通过精准的数字化检测，配合专业的健康管理师，针对不同体质制定个性化运动方案，提供运动规划、运动营养管理、健身指导、健康减脂、体能训练等健康服务，全方位促进小镇居民生理、心理状态的恢复，舒缓生活压力带来的亚健康状态（图5-6-7）。

2. 室内体育场馆

小镇室内体育场馆的建设可为居民提供全天候的运动健身条件，不受天气、空气质量等环境因素的限制，有助于小镇居民养成常态化的运动习惯。华中小镇通过设立蓝鲸馆休闲运动中心，为居民提供室内篮球、羽毛球、乒乓球、网球等专业运动场地；攀岩、高空组合等专业拓展设施；动感健身、健康瑜伽等运动空间。不仅可以培养小镇居民健身运动兴趣，同时也有利于健康运动理念的可持续发展（图5-6-8）。

图 5-6-7　小镇健康运动管理中心实景图

图 5-6-8　小镇休闲运动中心实景图

（五）人文

1. 医疗服务

小镇内设置医疗服务中心——上工草堂中西医结合诊所，将中西医疗法系统融合，实现优势互补。特设诊断室、体征检测区、处置室、治疗室、观察室、中西药房、健康理疗室等，可提供健康检测、疾病诊疗、中医养生、康复护理、家庭医生、健康动态管理等一站式健康管理服务，并承担紧急救护处理。

华中小镇与保定市中医院、涞源县中医院、白石山镇卫生院实现全面合作，可提供紧急救护服务，针对重病、大病诊疗及高端客户资源，开通重大疾病权威机构二次诊断、海外就医、三甲医院就医绿色通道，通过顶级医疗资源对接、三甲医院挂号及远程诊疗，全面满足小镇诊疗需求（图 5-6-9）。

2. 健康超市

华中小镇自建山居市集大型生鲜超市，并在健康农业区开设秋实馆特色产品超市，以订单式、配送式特色服务，全方位满足小镇居民生活购物需求。超市内蔬菜、水果、鸡蛋等绿色有机产品均由华中小镇采薇园供应，以 100% 绿色标准精耕管理，满足小镇居民健康生活需求（5-6-10）。

图 5-6-9　小镇医疗服务设施实景图

图 5-6-10　小镇生鲜超市及特色产品实景图

3. 母婴设施

华中小镇主要商业区及公共活动场所内，根据场地条件及使用需求，合理设置便捷的母婴室，提升健康小镇的人性化服务。母婴室内配备护理台、洗手台、座椅、卫生纸巾等功能设施，便于携婴父母照料哺乳期婴儿，实现护理、哺乳、备餐、临时休息等功能。母婴室室内空气清新流通，温湿度适宜，光线柔和。室内色彩应用、设备结构充分考虑儿童的安全，并设置鲜明的指示牌标注（图 5-6-11）。

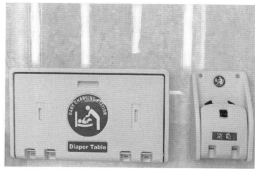

图 5-6-11　小镇母婴设施实景图

三、实施效果

华中小镇从规划建设之初便充分挖掘涞源资源禀赋及特色产业优势，并通过系统性实施健康建筑技术策略、绿色生态景观营造、便民服务设施规划，为小镇居民提供良好的室外空气环境、安全的景观水环境与高品质用水体验，以及舒适便捷的室内外活动场地，构建具小镇特色的医疗康养服务平台。同时提供周到的环境卫生、设施维护、食品安全管理服务，并积极举办健康讲座、体育竞赛、亲子交流、文化展示等类型主题活动，推动精神文明建设，创造和谐宜居的小镇氛围，极大提升了小镇居民的获得感与幸福感。

四、社会经济效益

华中小镇是基于旅游康养产业发展的"产城融合"，始终将健康理念融入设计、规划、建设、运营的各个阶段，以中医药为主体，以健康旅游为载体，以生态人居为依托，以中华文化为核心，逐步建成健康产业发展支撑体系。先后获得"中国精瑞科技奖""健康中国小镇样本·美丽中国康养名镇""可持续城市与人居环境奖·全球特色小镇范例奖""河北省特色小镇""食药同源产品共建基地"等多项荣誉。华中小镇利用乡镇优质资源促进城市现代化要素与乡村土地生产要素高效结合，助力涞源地区乡镇产业健康稳步发展，全面推进乡村振兴。同时，健康小镇建设也是健康中国战略实施的重要步骤，推动了乡镇从环境卫生治理向全面社会健康管理的转变，逐步实现小镇经济建设、生态保护、与居民健康生活方式的协调可持续发展。

五、总结

华中小镇始终坚持健康人居环境营造，秉承"以人为本"的精细化设计，在保证小镇生产、生活、生态可持续发展的基础上，注重居民身心健康发展，积极营造健康生活方式，以高品质构建"健康美化生活体系"。在绿色生态方面，通过生态农业种植，实现农业科技示范、休闲观光、绿色果蔬采摘、康养农产品供应等功能于一体的乡村田园新体验。在康养产业方面，打造温泉康养、健康医疗系列产品，传递科学康养理念，创建健康生活圈。未来，华中小镇持续深耕健康人居、健康文旅、健康农业、健康服务产业，为小镇居民提供全方位的健康生活保障。

作者：胡安[1]　刘春燕[2]　刘茂林[1]

（1.中国建筑科学研究院有限公司；2.华中集团）

健康小镇案例二：杭州千岛鲁能胜地项目

一、项目概况

杭州千岛鲁能胜地项目位于浙江省杭州市淳安县界首乡，由中国绿发投资集团杭州千岛湖全域旅游有限公司建设，多家单位参与设计，总规划用地面积 839.96 公顷，其中陆域面积约 420 公顷。至规划末期（2030 年）规划区域总建设用地 107.2 公顷，总建筑面积约 53.59 万 m^2，2022 年 8 月依据《健康小镇评价标准》(T/CECS 710—2020）获得健康小镇铂金级设计标识。

作为中国绿发生态保护绿色发展示范基地和杭州亚运会淳安亚运分村的所在地，千岛鲁能胜地把全生命周期健康管理的理念贯穿于小镇规划、设计、建设、运营、服务的全过程，将小镇建设与生态修复有机融合。项目依托于独特的山水人文资源，以"千岛之心·绿动世界"为核心规划理念，确立"亲子农场、运动拓展、康养医疗、野奢度假、婚庆产业、艺术产业、文创产业"七大衍生产业，通过"生态优、业态新、形态美"三位一体的发展策略，打造集亚运赛事、运动康养、休闲度假、生态体验、文化创意于一体的国际湖岛康美生态旅游示范区。杭州千岛鲁能胜地局部鸟瞰效果图如图 5-7-1 所示。

二、主要技术措施

（一）空气

1. 污染源控制

千岛湖地区大气环境质量优越，2021 年淳安县空气质量优良天数达 356 天。为了保护小镇优质的室外空气环境，千岛鲁能胜地充分挖掘本地清洁能源开发利用潜力，

图 5-7-1　杭州千岛鲁能胜地局部鸟瞰效果图

并针对小镇垃圾转运站、垃圾收集点等污染气体排放设施进行合理规划，尽量避开当地主导风向上风向位置，防止垃圾堆放产生的有害气体随大气散逸至小镇居民生活空间，避免对人体感官体验及身体健康产生不利影响。为实现高效便捷的机械化垃圾收集清运，小镇垃圾收集点选址均位于主要交通干道沿线，并采用密闭空间处理方式，设置可开启的密闭垃圾收集容器。周边通过种植枝叶茂密且具备良好除臭效果的树种、花草，可对污染物的扩散起到一定的阻挡和滞留作用，通过生态净化方式提升污染源头区域空气品质，最大程度减少小镇日常污废物清运过程所带来的环境负效应。

2. 生态景观绿化

景观绿化不仅在遮阴、防尘、隔声、降温等方面具备功能性用途，同时将不同色彩、形态的植物类型进行组合，可以起到美化环境的作用，成为千岛湖生态美学的集中体现。千岛鲁能胜地在规划设计阶段充分考虑千岛湖特殊的地理位置、地形地貌、生态资源等特征，并以可持续发展为目标，对开发区域内的自然资源进行合理规划，针对湖岸、山体、原生植被制定保护性开发策略。

基于循环经济、生态环保的超前科学规划和设计理念，本项目根据地块植被类型、郁闭度、生态敏感性等因子，将植被分农田草地修复区、果林灌木林修复区、竹林修复区及自然密林修复区进行生态培育。同时践行"种子计划"，混播二月兰、虞美人、波斯菊、大花金鸡菊、紫花地丁等多种乡土植物，在防止病虫害发生和蔓延、减少水土流失、改良土壤、净化空气、改善生态环境和小气候等方面发挥优势作用，营造主题明确、生态协调、层次丰富、结构合理、四季有景的健康小镇生态景观（图 5-7-2、图 5-7-3）。

图 5-7-2　小镇生态景观实景图

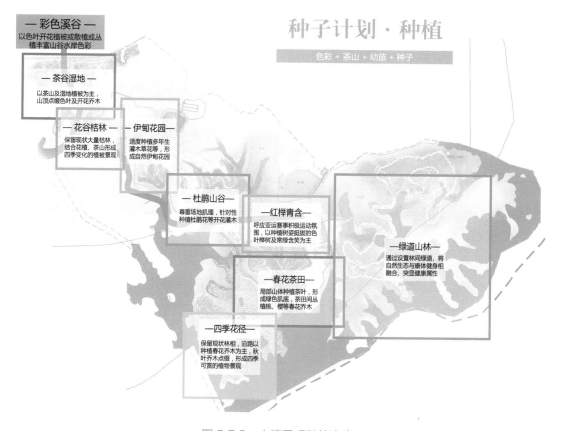

图 5-7-3　小镇景观种植方案

（二）水

1. 地表水环境保护

项目地表水资源以千岛湖水域为主，属国家一级水体，水质清醇甘洌，符合《地表水环境质量标准》（GB 3838—2002）Ⅱ类标准。本项目在规划设计阶段通过对千岛湖水域的详细勘察，制定出低影响开发方案。建筑、道路规划严格按二级饮用水水源保护区及风景名胜区建设红线进行规划设计，滨水建筑均在千岛湖最高水位 108 m 高程线基础上后退 20 m，并于建设开发阶段减少对千岛湖地形、原生植被及周边湿地的破坏。

2. 景观水体安全

小镇人工景观水体均满足人们在近水、涉水及嬉水过程中的行动安全要求，水体周边安全防护措施满足现行国家标准《公园设计规范》（GB 51192—2016）及《居住区环境景观设计导则》等相关规范文件要求。其中景观水体无防护设施的人工驳岸，近岸 2.0 m 范围内的常水位水深小于 0.7 m；无防护设施的驳岸与常水位的垂直距离小于 0.5 m。同时，小镇定期对景观水体进行清理并进行水质监测，通过水体循环杜绝水华、臭味等水质污染现象。

3. 绿色雨水设施

项目各地块均结合地形、地貌等场地竖向条件，组织地表径流，通过设置完善的市政雨水系统，避免因强降水或连续性降水导致小镇公共活动区域产生积水灾害现象。同时，小镇结合地形竖向高程，依据上游降雨量、汇水量、蒸发量等数据分析，合理规划建设人造湿地，因地制宜地设置粗格栅、细格栅、沉砂池，去除垃圾、树叶、杂物和粒径 0.2 mm 以上颗粒物。通过增大过流断面降低流速或设置阶梯跌水的方式实现消能，并利用"湿地＋旱溪"相结合的方式，实现雨水径流污染削减。

4. 景观水体自净

小镇景观水体以植物为生态系统的基底，为浮游植物、底栖动物、鱼类等提供食物和栖息空间，通过模拟生态系统结构实现对水体中污染物的拦截、捕获、分解、氧化等一系列净化处理，在提升生物多样性和生态系统稳定性的同时，营造具有自循环净化能力的生态水体（图 5-7-4）。

（三）舒适

1. 舒适声环境

小镇依托于"亚运之光"和"亚运之恋"两大板块核心区域集中布置商业业态，

并通过合理的产业结构布局及基础设施建设，引导核心要素向两大板块中心位置聚集，形成功能互补的小镇空间格局，从物质空间结构方面加强紧凑化的组团设计。集中式功能布局也使小镇居民到达主要公共活动空间的距离相对均等，提高了公共服务设施的均好性，同时也一定程度上降低或消除了娱乐休闲活动对于小镇居民所造成的听觉、视觉干扰（图5-7-5）。

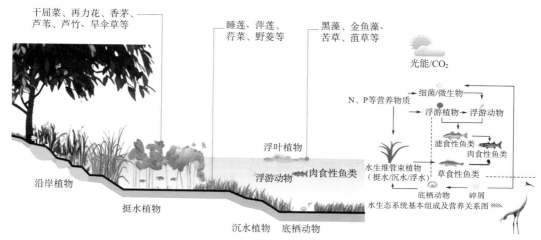

干屈菜、再力花、香茅、芦苇、芦竹、旱伞草等

睡莲、萍莲、荇菜、野菱等

黑藻、金鱼藻、苦草、菹草等

光能/CO_2

N、P等营养物质 → 细菌/微生物
→ 浮游植物 → 浮游动物
滤食性鱼类
肉食性鱼类
水生维管束植物（挺水/沉水/浮水）
草食性鱼类
底栖动物　碎屑
水生态系统基本组成及营养关系图

浮叶植物
肉食性鱼类
浮游动物
沿岸植物
挺水植物
沉水植物　底栖动物

图5-7-4　小镇景观水体生态净化方案

本项目产业落位同样根据场地声环境进行了整体规划。生态景区及休闲活动场地大部分独立设置于南侧地势较低的指状岛屿或近水离岛，结合开放水域，通过空间隔离方式减少生活噪声对住宅、公寓及酒店内居住者的负面影响。活动场地周边利用本土次生林与灌草地作为绿化隔离带，进一步贯彻动静分离的规划设计原则。

2.声景设计

小镇进行景观生态修复时，充分考虑到自然声源对于声景营造的影响。通过种植招鸟源树种，提升鸟类及哺乳类动物整体的生存繁衍系统，加强鸟鸣、虫鸣等大自然生灵发出的悦耳声音；通过修复毛竹种植区，构建一个恬静的竹海空间，不但可以有效掩盖小镇生活噪声，还可以与风、雨共同作用强化自然声；通过对溪流、湿地、湖泊的优化设计，形成由湖水波涛声、湍流冲击声、潺潺流水声构成的独特水声景，在陶冶森林意境的同时，反衬出林下环境的幽静氛围。通过视觉与听觉要素的平衡与协调，实现景观空间的立体表现。

（四）健身

1.室内外健身场地

千岛鲁能胜地作为杭州亚运会分赛区，已建设完成小轮车比赛场地、公路车赛道、

图 5-7-5 小镇文旅项目规划图

铁人三项赛道、公开水域游泳赛道、山地车赛道等专业赛道路径以及淳安场地自行车馆。除竞赛场地外，亚运体育公园内还设置有室外足球场及篮球场。小镇将持续深化亚运健康理念，规划于各地块周边建设多处社区尺度的室内外健身场地，并结合景观绿地设置健身广场，为小镇居民提供便利的健身空间及完善的配套设施（图5-7-6）。

图5-7-6　亚运会淳安五项赛事场地鸟瞰图

2. 小镇休闲空间

在休闲场地方面，本项目综合考虑场地日照以及风环境、声环境、热环境等物理环境因素，根据场地功能属性或使用人群需求，研判老年人活动场地、儿童活动场地、健身休闲场地等活动空间落位，相继完成格林7号乐园、小黑鱼儿童乐园等休闲娱乐工程建设，并针对不同年龄、不同爱好的群体设置了丰富的户外项目，如树蔓秋千、洞穴探险、橘林迷宫等儿童休闲活动；攀岩、热气球、滑索、水上漂浮等青年户外拓展活动，为游客亲近自然搭建平台。通过完善休闲配套设施，实现全龄化、全场景的健康小镇休闲空间设计。

3. 体育赛事活动

为了推动全民健身运动，传递亚运精神，千岛鲁能胜地依托于千岛湖得天独厚的生态环境优势，高标准打造生态品牌赛事运动集群，通过设置便利的健步、骑行路径，先后举办千岛湖马拉松、铁人三项、接力跑、骑行赛等丰富的体育竞赛活动，着力倡导运动健康生活新方式（图5-7-7）。

图 5-7-7　小镇定期举办多种体育运动赛事

（五）人文

1. 医养结合

小镇依据现代旅游休闲康体的发展需求，利用千岛湖优良生态资源优势，构建"康体疗愈"体系，打造康体养生、运动康复等医养项目，同时对未来社区生活方式进行新探索，实现活力社区、文化社区发展，缔造度假型康体养生社区。小镇内规划建设医疗服务中心及急救医疗室，医疗服务中心将为小镇居民提供基础诊疗、心理咨询、远程医疗以及自助售药等服务，构建"基础诊治—远程会诊—绿色转诊"三位一体的社区健康医疗服务体系，实现就近式、专业化、连续性的健康保障服务。

2. 交通环境

基于小镇内部交通流线组织，通过优化道路形式、设置减速警示标志等稳静化手段降低小镇内部行驶车辆对居民生活质量及环境的负效应。并对项目主要车行、人行道路重要交通节点进行分析，进一步细化小镇标志布置点位，增加设置"禁止鸣笛""注意行人""减速慢行"等警示性标志，对车辆驾驶者及行人进行交通预警，营造安全、健康的室外通行条件。

3. 管理制度

通过完善禁烟管理制度、景观用水消毒与监测、垃圾清运、污水排放等专项管理制度，防止小镇环境品质劣化；针对儿童游乐空间、室内外健身空间、近水空间，制定设施保养及场地管理制度，保障小镇居民进行休闲活动时的人身安全。

三、实施效果

千岛鲁能胜地始终坚持"最小限度破坏、最大限度保护、最强力度修复"的绿色建设理念，在发展生态产业、文旅产业、康养产业方面具备绝佳条件。通过对千岛鲁能胜地全域健康性能提升，在专项规划设计中融入绿色、健康、低碳建设理念与技术策略，为小镇居民营造良好的自然生态环境，提供高品质的用水体验，营造舒适的室外声、光、风、热湿环境。同时深化健康产业定位与运行主题，提供完善的公共活动空间与配套设施，促进生产、生活、生态相融合，创造和谐宜居的小镇健康生活方式，在促进居民身心健康发展方面发挥出重要功效。

四、社会经济效益

千岛鲁能胜地总规划用地面积 839.96 公顷，规划总建筑面积 53.59 万 m^2，工程总投资 80.8 亿元。由于本项目产业、生活配套设施完善，为实现健康小镇铂金级评价标准而增加的投资成本预算约 764 万元，单位建筑面积增量成本 14.26 元 $/m^2$。主要增量成本集中于新能源充电设施、室外空气质量检测及公示系统、室外饮水设施、室内外健身器材、运动场地及健身步道铺装，其余为一般技术项投入。

千岛鲁能胜地作为健康小镇评价标准首批认证项目，在新时代特色产业村镇建设中起到了示范性作用，一方面促进了区域协调发展和乡村振兴战略的实施，通过深化改革，在健康理念指导下促进各类生产要素在城乡间双向流动，形成健康的乡村文化旅游产业发展导向；另一方面，聚焦健康环境营造，推进和改进乡镇健康医疗服务，提高卫生健康供给水平。依托于亚运赛事，打造体育产业示范基地与生态品牌赛事运动集群，实现文化、旅游、体育的高度融合。成为健康中国战略落实、落细、落全的着力点，也成为健康中国战略实施成效的重要标志。

五、总结

千岛鲁能胜地作为全国首批健康小镇申报项目，将积极发挥示范性作用，持续深化"两山"理论，践行"碳达峰·碳中和"行动，为"乡村振兴"国家战略注入新动能。未来，千岛鲁能胜地会更为珍视脚下的土地，秉持绿色初心，倡导可持续发展的生态理念，持续以"绿色健康发展"为主线，分阶段落实健康小镇规划设计要点，创造一座与自然和谐共生的绿色健康家园。

作者：胡安[1] 刘枫[2] 周雅婷[2]

（1.中国建筑科学研究院有限公司；2.杭州千岛湖全域旅游有限公司）

附录篇

附录 A 健康建筑产业技术创新战略联盟简介

为响应"健康中国 2030"战略部署、适应建筑行业市场发展需求、推进健康建筑产业发展，在中国建筑科学研究院有限公司倡议与推动下，《健康建筑评价标准》（T/ASC 02—2016）主要编制单位联合发起筹建了"健康建筑产业技术创新战略联盟"（以下简称"联盟"）。联盟跨越传统建筑行业，凝聚医疗卫生优势资源，由致力推动建筑业技术进步、探索健康宜居环境和生活服务的科研院所、高等院校、设计院、地产开发商、医疗机构、设备厂商、物业管理公司、施工单位等有关机构组成，旨在推动健康建筑产业资源汇集，促进技术交流合作，探索科技服务创新，建设健康生活环境。

2017 年 4 月 18 日，联盟成立大会暨第一届理事会工作会议在北京召开，22 家发起单位代表出席会议，中国建筑科学研究院有限公司董事长王俊致辞祝贺。会上，推选中国建筑科学研究院有限公司为理事长单位，清华大学建筑学院、中国疾病预防控制中心环境与健康相关产品安全所、上海建科集团股份有限公司、厦门市建筑科学研究院有限公司为副理事长单位，中国城市科学研究会绿色建筑研究中心、中衡设计集团股份有限公司、重庆大学等共 37 家单位为理事单位；成立了第一届理事会，选举中国建筑科学研究院有限公司副总经理王清勤为理事长，清华大学建筑学院院长庄惟敏、中国疾病预防控制中心环境与健康相关产品安全所副所长姚孝元、上海建科集团股份有限公司副总裁李向民、厦门市建筑科学研究院有限公司常务副总裁麻秀星为联盟副理事长，中国城市科学研究会绿色建筑研究中心常务副主任孟冲为秘书长。2020 年 11 月 28 日，联盟第二届理事会成立大会暨第一次工作会议在北京召开，联盟换届工作顺利完成。

联盟以以人为本、产业结合、创新驱动、服务行业为引导，以联合开发、优势互补、利益共享、风险共担为工作原则，从事健康建筑行业研究、基础理论研究、技术体系构建、标准规范编制、产品设备开发、科技成果转化、国际合作推动、信息平台建设、健康理念普及、产业人才培养，使其成为产学研用紧密结合的纽带和载体，技术创新资源的集成与共享通道，健康建筑服务的创新和产业化平台，拉动行业共荣，助力建筑行业高质量发展，提升人民群众生活幸福感。联盟成立七年以来，在组织机构建设、标准体系完善、学术交流组织、项目实践推动、科技研发支持、科学普及推动、国际合作交流、信息平台运营等方面积极开展工作，为我国健康建筑产业发展起到了积极推动作用。

一、联盟工作

1. 组织机构建设

2017 年 9 月 1 日，经联盟理事会表决，联盟技术委员会成立，清华大学张寅平教授任主任委员，沈阳建筑大学冯国会教授、哈尔滨工业大学康健教授、重庆大学李百战教授、中国疾病预防控制中心姚孝元研究员、中国建筑科学研究院有限公司赵建平研究员任副主任委员，委员 35 名。截至 2023 年 11 月，包括技术咨询、设备、技术培训企业，联盟成员单位累计达 42 家，联盟理事会成员增至 49 名；联盟表决通过 11 项管理办法，规范运行管理工作。在推动行业组织建设方面，联盟推动中国工程建设标准化协会绿色建筑与生态城区专业委员会健康人居专业组于 2018 年 8 月 1 日在北京成立，推动建筑与生态城区健康建筑相关的标准化工作。

2. 标准体系完善

2017 年 1 月 6 日，我国第一部《健康建筑评价标准》（T/ASC 02—2016）发布实施。2021 年 11 月 1 日，《健康建筑评价标准》（T/ASC 02—2021）发布实施。应健康城市发展和市场需求，以联盟成员为主体，开展标准体系建设，编制完成涵盖健康建筑、健康社区、健康小镇、既有住区健康改造、健康建筑产品的标准体系，从区域到建筑再到产品，从新建项目到改造项目，服务住房和城乡建设的健康升级。2019 年，受住房和城乡建设部委托，联盟理事长单位中国建筑科学研究院有限公司、联盟副理事长单位上海建科集团股份有限公司牵头完成了第三版国家标准《绿色建筑评价标准》修订工作，"健康舒适"单独成章被纳入指标体系。

3. 学术交流组织

为促进健康人居理念、技术和实践交流，联盟承办系列高质量学术论坛。2017 年 6 月，联盟理事单位中国城市科学研究会绿色建筑研究中心应邀承办 2017 年度香港可持续发展建筑环境全球会议"健康建筑理论与实践"论坛；2017 年 10 月，联盟理事长单位中国建筑科学研究院有限公司在北京举办"2017 中国健康照明论坛"；2017 年 11 月，联盟理事单位重庆大学主办第八届建筑与环境可持续发展国际会议，设立"健康建筑论坛"。2018 年始，"健康建筑系列论坛"成为年度绿色建筑与建筑节能大会暨新技术与产品博览会和城市发展与规划大会（以下简称"绿建大会"）在健康人居领域的重要组成部分。2019—2023 年，联盟共举办五届"健康建筑大会"和十四期"健康建筑大讲堂"线上公益活动，受到行业高度关注。联盟邀请刘德培院士、侯立安院士、崔愷院士、郑静晨院士、庄惟敏院士、王凯大师等业内权威专家出席交流，分享前沿科技和技术策略，促进产学研用融合与创新，推动健康建筑环境建设，引领建筑业高质量发展的交流平台。

4. 项目实践推动

联盟汇聚 T/ASC 02《健康建筑评价标准》编制单位、技术支持单位，是我国健康建筑项目实践的引擎。以联盟成员中国城市科学研究会绿色建筑研究中心为评价机构，中国建筑科学研究院有限公司、南京长江都市建筑设计股份有限公司、中衡设计集团股份有限公司、北京金茂绿建科技有限公司等为技术支持与解决方案供应服务机构。目前，健康建筑实践在我国迅速扩增，截至 2023 年 11 月，获得健康建筑、健康社区、既有住区健康改造、健康小镇标识认证项目建筑面积近 1.2 亿 m^2，涵盖北京、上海、江苏、广东、天津、浙江、安徽、重庆、山东、河南、四川、江西、陕西、湖南、湖北、新疆、河北、甘肃、青海、福建、内蒙古、云南、吉林、海南、黑龙江、辽宁、香港共 27 个省 / 自治区 / 直辖市 / 特别行政区。

5. 科技研发支持

2017—2023 年，联盟联合国家建筑工程技术研究中心绿色健康建筑研究部公开征集"绿色建筑和健康建筑"研究项目 1 项：重污染天气下城市绿色建筑对室内工作人员心理健康的影响研究。联盟发起"健康建筑产业技术创新战略联盟开放基金"，资助与健康建筑相关、创新性强、具有明确应用前景和指导意义的科技研发项目。经过评审，累计立项 8 项，包括组合单元型装配式净零能耗健康建筑实践探索、健康建筑现状需求与满意度研究、基于健康建筑的室内环境多参数监测数据与满意度对比分析研究、新冠疫情前后健康公共场所室内环境变化特征及风险防控设计对策研究、住宅室内潮湿和霉菌暴露特性及对儿童健康影响评价、基于环境行为研究方法与技术路径的绿色医院研究、独立新风毛细管辐射空调在健康建筑中的技术应用、住宅建筑室内健康环境营造综合应用研究。

6. 科学普及推动

2019 年，以联盟成员为核心编委的《健康建筑：从理论到实践》正式发布，该书内容以人对健康的需求为基本点，全面审视建筑技术、建筑设施、建筑服务等，从理论到实践，分别对健康建筑理念、发展概况、健康要素、标准解读、技术措施、评价与检测进行了深入阐述，对全面提升建筑的健康性能，打造全龄友好的建筑环境具有重要的参考价值。2020 年，联盟创刊健康建筑年鉴《健康建筑 2020》，由联盟理事长单位组织编撰，旨在全面、详实、系统地记载我国健康建筑产业发展历程及各项科技成果，为研究产业市场、指导产业发展和制定产业政策提供支撑。联盟采用多种形式普及健康建筑理念，拍摄《健康建筑 健康生活》视频，成为住建部唯一一部获得科技部、中科院办公厅《2020 年全国优秀科普微视频》的作品。

7. 国际合作交流

联盟于 2017 年承担 Construction21 国际在中国区的工作，组织中国区"绿色解决方案奖"的申报与评审。2017 年，联盟倡议增设"健康建筑解决方案"奖项，受到国际广泛关注。中国项目连续两年分别获得办公建筑和住宅建筑全球健康建筑解决方案奖第一名。联盟组织编写出版《走向可持续——Construction21 国际"绿色解决方案奖"案例解析》，解读优秀获奖项目的可持续实践路径。与 ACTIVE HOUSE 国际联盟签署 合作项目谅解备忘录，与国际健康建筑研究院 WELL 签署《标准互认合作框架协议》，参与起草全球建筑联盟 GABC、联合国环境规划署 UNEP《2020 全球建筑行业形势报告》、国际建筑师协会可持续目标委员 UIA SDG《达卡宣言》和世界绿色建筑协会 WGBC《健康与福祉工作框架》，推动全球健康人居环境行动。

8. 信息平台运营

联盟目前共运营管理"健康建筑联盟"微信公众号、中国健康建筑网、健康建筑产品申报系统和筑舒室 + 微信小程序，用以宣传健康建筑理念，发布前沿资讯，展示相关服务、技术、产品和实践。截至 2023 年 11 月联盟微信公众号关注人数近 3.5 万人，资讯累计访问量达 30 万次，2018—2023 年 Construction21 国际"绿色解决方案奖"中国区项目投票活动累积访问次数达 342 万，受到了广泛的关注。

二、联盟成员

理事长单位	中国建筑科学研究院有限公司
副理事长单位	上海建科集团股份有限公司
	中国疾病预防控制中心环境与健康相关产品安全所
	清华大学建筑学院
	厦门市建筑科学研究院有限公司
理事单位	大金（中国）投资有限公司上海分公司
	上海天华建筑设计有限公司
	上海朗绿建筑科技股份有限公司
	上海智节建筑设计咨询有限公司
	广东省建筑科学研究院集团股份有限公司
	广州市建筑科学研究院有限公司
	天津生态城绿色建筑研究院有限公司
	中国人民解放军军事医学科学院卫生学环境医学研究所
	中国质量认证中心
	中国建筑科学研究院有限公司认证中心

中国城市科学研究会绿色建筑研究中心

中国食品发酵工业研究院

中国绿发投资集团有限公司

中建科技集团有限公司

中海企业发展集团有限公司

中家院（北京）检测认证有限公司

中能建城市投资发展有限公司

中衡设计集团股份有限公司

北京世纪建通科技股份有限公司

北京构力科技有限公司

北京金茂绿建科技有限公司

北京绿建软件股份有限公司

北京奥力来康体设备有限公司

华域建筑设计有限公司

江苏省建筑科学研究院有限公司

江苏硕佰建筑科技有限公司

际高建业有限公司

国家建筑工程质量监督检验中心

变形积木（北京）科技有限公司

南京长江都市建筑设计股份有限公司

重庆大学

保定市爱城置业有限公司

恒基兆业地产代理有限公司

热带建筑科学研究院有限公司

第一摩码人居环境科技（北京）有限公司

深圳市绿大科技有限公司

深圳国研建筑科技有限公司

通讯地址　　北京市朝阳区北三环东路 30 号中国建筑科学研究院有限公司 AB
座 B1901 室

邮　　编　　100013

电　　话　　010-64693366

邮　　箱　　healthybldg@163.com

附录 B　2020—2023 年中国健康建筑标识评价总体情况

中国健康建筑评价标识（China Healthy Building Label，CHBL）是依据健康建筑评价的技术要求，按照《健康建筑标识管理办法》确定的程序和要求，对申请开展评价的建筑进行评价，确认其等级并进行信息性标识的活动。标识包括证书和标志。

健康建筑标识的评价工作由中国城市科学研究会（Chinese Society for Urban Studies，CSUS）组织开展，以《健康建筑评价标准》（T/ASC 02—2016）及《健康建筑评价标准》（T/ASC 02—2021）为主要理论依据，对完成全装修的民用建筑的健康性能水平进行评价。评价共分为两种类型——"设计评价"和"运行评价"，各阶段的执行时间节点以及主要内容如表 B-1 所示。

表 B-1　健康建筑评价阶段划分

序号	阶段	执行时间节点	主要内容
1	设计评价	施工图审查通过之后，竣工之前	①建筑采用的健康技术 ②采取的健康措施 ③健康性能的预期指标 ④健康运行管理计划
2	运行评价	运行满 1 年	①健康建筑的运行效果 ②技术措施落实情况 ③使用者的满意度等

截至 2023 年 11 月，获得健康建筑标识的项目共 274 个，含建筑 2428 栋，总建筑面积近 3082 万 m²，项目名称如表 B-2、表 B-3 和表 B-4 所示。获得健康社区标识的项目共 34 个，建筑面积 1202.9 万 m²，项目名称如表 B-5 所示。健康小镇 3 个，建筑面积 793 万 m²，占地面积 4187.9 万 m²，项目名称如表 B-6 所示。既有住区健康改造 10 个，建筑面积 6875 万 m²，项目名称如表 B-7 所示。

表 B-2　2020—2023 年度健康建筑设计标识项目统计表（截至 2023.11）

序号	项目类型	项目名称	星级
1	住宅建筑	佛山当代万国府 MOMA 4 号楼	★★★
2		杭州朗诗熙华府住宅小区项目	★★★

（续）

序号	项目类型	项目名称	星级
3		杭州朗诗乐府住宅小区	★★★
4		建发央玺（上海）27–28、30–36 号楼	★★★
5		葛洲坝·广州紫郡府项目（1 栋、2 栋、3 栋、4–2 栋、5 栋、6 栋、7–2 栋、8 栋、9 栋）	★★★
6		马鞍山大溪地伊顿庄园一期（02 栋高层）	★★★
7		南京康居·长桥郡	★★★
8		重庆力帆红星广场二期工程 C13 组团 13 号楼	★★★
9		杭州三湘印象海尚观邸	★★★
10		广州建发·九龙仓央玺	★★★
11		南京江北新区人才公寓（1 号地块）项目（1–2、4–11 号楼）	★★★
12		南京江北新区人才公寓（1 号地块）项目（12 号楼）	★★★
13		上海市朗诗新西郊项目	★★★
14		济南旭辉铂悦凤犀台项目（旭辉凤山路项目）	★★★
15		青岛银丰·玖玺城	★★★
16		扬州绿地健康城 D 组团 1–12 号楼	★★★
17	住宅建筑	南京江宁海玥 1–10 号楼	★★★
18		唐山市水山樾城三期项目 302 号楼	★★★
19		唐山市水山樾城三期项目 303、310 号楼	★★★
20		广州华发尚座花园	★★★
21		郑州康桥诸子庐	★★★
22		江苏南京青龙地铁小镇一期居住组团小学、初中建设工程项目教师公寓	★★★
23		扬州绿地健康城 C 组团 2–20 号楼	★★★
24		张家港市熙庭雅苑项目	★★★
25		常州书香世家 1–4 号楼	★★★
26		徐州淮海国际博览中心一期 A–3 地块	★★★
27		扬州绿地健康城 A 组团 1–19 号楼	★★★
28		扬州万科四季都会 1–5、11–15、18–21、25–28 号楼	★★★
29		徐州元和悦府项目 3、5、10、13 号楼	★★★
30		厦门旭辉 2020P04 地块 1 号楼 2 号楼	★★★
31		2022 年第 19 届亚运会媒体村地块（SJ01–01–01（b）地块住宅部分）	★★★

（续）

序号	项目类型	项目名称	星级
32	住宅建筑	香港坚道 73–73E 号住宅	★★★
33		合肥中海包河区 BH2020–05 项目住宅地块	★★★
34		杭政储出【2016】20 号地块商业商务用房（杭州国际中心）	★★★
35		无锡市经开区洲悦万顺居	★★★
36		津北辰文（挂）2020–011 号文庆道（水泥厂三分厂）地块项目（1~4 号楼）	★★★
37		张家港张地 2006–A25–C–b 号地块云栖雅苑项目 1~4 号楼	★★★
38		扬州万科四季都会 6–10、16、17、22–24、29、30 号楼	★★★
39		南京河西金茂府二期 1–3、5–7 号楼	★★★
40		香港新界粉岭马适路住宅项目 One Innovale	铂金级
41		扬州云潮望雅园（1–3 号、5–10 号、12 号楼）	★★★
42		济南鲁能领秀城檀樾（G3 地块二期）	★★★
43		湖南长沙铂悦滨江项目 10、11、18–20 号楼	★★★
44		深圳市海境界家园二期 1 栋 A、B、D 座住宅	★★★
45		2022 年第 19 届亚运会运动员村 1 号地块 A01–08	★★★
46		2022 年第 19 届亚运会运动员村 1 号地块 B01–13	★★★
47		2022 年第 19 届亚运会运动员村 1 号地块 C01–06	★★★
48		2022 年第 19 届亚运会运动员村 1 号地块 D01–10	★★★
49		2022 年第 19 届亚运会运动员村 2 号地块项目（1–4、8–9 号楼）	★★★
50		2022 年第 19 届亚运会运动员村 2 号地块项目（12–15 号楼）	★★★
51		南京溧水区花语湖畔苑 1~5、7~11 号楼	★★★
52		上海市海玥黄浦源	★★★
53		自贸区临港新片区星语朗庭	★★★
54		南京市中宁府	铂金级
55		临港新城主城区 WSW–C1 街坊东侧地块普通商品房项目（07a）	★★★
56		南京颐和天晟府	铂金级
57		香港红磡必嘉坊（BAKER CIRCLE DOVER，BAKER CIRCLE EUSTON，BAKER CIRCLE GREENWICH）	★★★
58		北京中冶德贤公馆（8–10 号楼）	★★
59		北京朝阳区小红门乡肖村公共租赁住房（配建商品房）项目 1 号~4 号楼	★★

（续）

序号	项目类型	项目名称	星级
60		天津生态城中部片区 03–05–01A（57A）亿利住宅项目（颐湖居）二期工程 10～13 号、15～18 号、23 号、24 号、31 号、32 号楼	★★
61		天津生态城南部片区 11b 地块住宅项目	★★
62		合肥万锦花园 A–01～A–03 号、A–05～A–06 号楼	★★
63		杭州中南·紫樾府 6 号楼	★★
64		南京君颐东方芳泽园	★★
65		南京君颐东方厚泽园	★★
66		无锡蠡湖金茂府 B 地块 30–34 号楼	★★
67		南京河滨花园	★★
68		上海青浦新城 63A–03A 地块普通商品房项目 2 号楼	★★
69		南京新保弘·天宸	★★
70		南京 NO.2017G66 房地产开发项目	★★
71		天津市琨泰名苑 8 号楼项目	★★
72		上海东原·印柒雅项目	★★
73	住宅建筑	苏州苏地 2017–WG–40 号地块	★★
74		赣江新区绿地·儒乐星镇 4 号住宅区（1 号 –4 号楼）	★★
75		南京悦见山 1 号楼二单元	★★
76		济南鲁商金茂公馆 B–1 地块项目 8 号、13–14 号、19–21 号、23–25 号	★★
77		青岛鲁商健康城项目 C、D 地块项目	★★
78		新疆中天博朗天御一期 5、7 号楼	★★
79		陕西省渭南东原玖城阅	★★
80		深圳中海寰宇时代花园 1–6 栋住宅楼	★★
81		温州市城市中心区 A–28（1–3、5、6 号楼）地块房地产建设工程	★★
82		温州市城市中心 A–44（1–3、5–7 号楼）地块房地产建设工程	★★
83		苏州双湾花园二期 30、34、41、45 号楼（地上）	★★
84		苏州共耀华庭（6、10、15、20 号楼）	★★
85		苏州晴湾上园一区	★★
86		苏州华琚花园	★★
87		珠海市华发城建国际海岸花园 18 地块 3 号、4 号、5 号楼	★★
88		南昌中海青岚大道项目	★★

（续）

序号	项目类型	项目名称	星级
89		佛山中海悦林熙岸花园	★★
90		无锡寰宇天下三期 2～3、7～8、10～19、21～24 号住宅楼	★★
91		武汉中海·二七滨江 P10 地块 1、2 号住宅楼	★★
92		青海西宁中房·萨尔斯堡·蓝韵项目 9、11 号楼	★★
93		河北省涞源县白石山居茂华园 7-9、11-25 号楼	★★
94		扬州 867（A 区）商品房开发项目 1-5、7-8 号楼	★★
95		上海瑞虹新城一号地块发展项目	★★
96		济南中海·天钻	★★
97		济南中海·玖嶺南山	★★
98		苏州中海明耀华庭（1～3 号、5～13 号、15～23 号、25～32 号楼）	★★
99		郑州绿地花语城盛锦苑	★★
100		武汉中海·光谷东麓 10 号楼（地上）、16 号楼（地上）住宅	★★
101		厦门联发·嘉和府（1-1、1-3、2～3、5～8 号）	★★
102		上海东原·璞阅项目	★★
103	住宅建筑	杭州中天珺府地块三项目（住宅）	★★
104		上海老西门新苑 1 号 -6 号楼项目	★★
105		宁波品江府 1～3 幢楼	★★
106		宁波品江府 4～7 幢楼	★★
107		东莞市金地名京花园（1-4 号住宅、7 号地库）	★★
108		上海黄浦区（原卢湾区）第 118 街坊地块商品住宅项目	★★
109		成都当代璞誉小区	★★
110		徐州元和悦府项目 1-2、6-8、11-12、15-17 号楼	★★
111		济南鲁能领秀城 P-5 地块房地产开发项目 1～14 号楼	★★
112		西安绿地能源国际金融中心项目 A 地块 1～3#，5～6#，地下车库	★★
113		天津市蓟州区景园 1.2 期（104～107 号、111～119 号）	★★
114		南京谢营 1 号地租赁住房 1-5、7-8 号楼	★★
115		成贵高铁宜宾东站站前综合体 BQ13-04 地块住宅建设项目	★★
116		青岛市麦岛居住区改造 E 区项目住宅 1-3、5-12、15-17 号楼	★★
117		杭州中海文晖项目	★★
118		南通海门 CR20015 地块住宅用房项目（1-10 号楼）	★★

（续）

序号	项目类型	项目名称	星级
119		南通通州 R2020–017 地块住宅项目（1、3、5、8–11、13、15–18、20、22–23、25、27 号楼）	★★
120		成都华发 & 统建锦江首府	★★
121		广州中海观澜府 1–7 栋住宅楼	★★
122		2022 年第 19 届亚运会媒体村地块（SJ01–01–01（a、c、d、e）地块住宅部分）	★★
123		东原·南京印长江	★★
124		合肥中海上东区 G01 ~ G03、G05 ~ G08、Y01 ~ Y03、Y05 ~ Y13、Y15 ~ Y22 号楼	★★
125		呼和浩特中海河山大观 1 ~ 3 号、5 ~ 8 号、11 ~ 12 号楼住宅（地上）	★★
126		济南历城区球墨铸管项目 B–3 地块（6# ~ 13# 住宅楼）	★★
127		济南·万科药山西 A–1 地块建设项目	★★
128		沣西新城理想欣港湾小区	★★
129		济南·万科毛巾厂地块 A 建设项目（一期）	★★
130		济南·万科毛巾厂地块 A 建设项目（二期）	★★
131	住宅建筑	济南神武城中村改造一期项目 B–6 地块 1 ~ 14 号楼	★★
132		济南仁恒高新公园世纪项目（一期）	★★
133		济南仁恒高新公园世纪项目（二期）	★★
134		济南神武城中村改造一期项目 B–9 地块 1 ~ 3、5 ~ 7、17、18 号楼	★★
135		济南·万科雪山二期 A6 地块建设项目	★★
136		济南·万科雪山二期 A8 地块建设项目	★★
137		济南·万科雪山二期 A10 地块建设项目	★★
138		济南·万科雪山二期 A9 地块建设项目	★★
139		济南·万科雪山二期 A11 地块建设项目（1# 楼）、济南·万科雪山二期 A11 地块建设项目（2# 楼 –10# 楼）、济南·万科雪山二期 A11 地块建设项目（11# 楼 –18# 楼）	★★
140		海南鲁能·海蓝福源南一区一期项目	★★
141		济南·万科雪山二期 A13 地块建设项目（1# 楼 –9# 楼、21# 楼 –23# 楼）、万科雪山二期 A13 地块建设项目（10# 楼 –20# 楼、24# 楼、25# 楼及地下车库）	★★
142		宁波逸江源境 1 号 ~ 11 号楼	★★
143		宁波新芝源府 1 ~ 9 幢楼	★★

（续）

序号	项目类型	项目名称	星级
144		山东省旭辉银盛泰·博观天成项目（1-3 号、5-10 号、12 号、15-20 号楼）	★★
145		济南·万科药山西 A-3 地块建设项目	★★
146		济南·万科药山西 A-5 地块建设项目	★★
147		济南·碧桂园凤凰源著项目 12、13、16、21、22 号楼、三期地下车库	★★
148		济南·奥体中路长安茂府房地产开发项目	★★
149		济南·碧桂园天玺苑	★★
150		重庆中海寰宇时代项目	★★
151		金华海悦华府 1、2、4~22 号楼	★★
152		苏州四季健康花园（25#、26#、29#、30#、34~36# 楼）	★★
153		绍兴市大坂绿园 15 号楼	★★
154		济南·华山西片区 D 地块房地产开发项目（地块一）1 号楼 -3 号楼、5 号楼住宅	★★
155		无锡市经开区舟悦万顺居	★★
156		苏州常熟琴萃雅苑（1-3、5-11 号楼）	★★
157	住宅建筑	长宁区新泾镇 226 街坊 2 丘 cn002f-01B 地块住宅项目	★★
158		郑州中海云著湖居 2、3、5-29 号住宅楼	★★
159		济南·碧桂园凤凰源著项目 14、17、18、23、24、25 号楼、四期地下车库	★★
160		南京江心印园（1-3、5-12 号楼）	★★
161		无锡市惠山区雁宕澜庭项目	★★
162		成都中海·天府里【领峯】	★★
163		济南·中国铁建·梧桐苑（一标段）	★★
164		沈阳金地九阙台 G15 号楼	金级
165		北京市大兴区黄村镇兴华大街 DX00-0202-0305 地块 R2 二类居住用地 1-7 号楼	★★
166		江阴市中海·阅澄江（海阅雅园）	★★
167		沈阳大东鲁能公馆	金级
168		天津市解放南路（东侧一区）28-31 号地块【津西解放（挂）2019-127 号】住宅南地块 1-13 号楼项目	★★
169		天津市解放南路（东侧一区）28-31 号地块【津西解放（挂）2019-127 号】住宅北地块 17-27 号楼项目	★★

（续）

序号	项目类型	项目名称	星级
170		无锡铂晨名筑 5、9、16、20、26、27 号楼	★★
171		上海市虹口区瑞虹新城 167A 住宅地块发展项目	★★
172		济南·历城区港沟东片区 B-1 地块	金级
173		济南·历城区港沟东片区 B-2 地块	金级
174		济南·历城区港沟东片区 B-3 地块	金级
175		济南·历城区港沟东片区 B-5 地块 1 号楼、9 号楼	金级
176		苏州四季健康花园（1～3#、5～13#、15～24#、27#、28#、31～33# 楼）	★★
177		石景山区古城南街东侧（首钢园区东南区）1612-823 地块	★★
178		石景山区古城南街东侧（首钢园区东南区）1612-759 地块 R2 二类居住用地项目	★★
179		石景山区北辛安棚户区改造 B 区 1608-673-A、1608-673-B 地块二类居住用地项目	★★
180		广州南沙旭辉曜玥湾 6、7、8、9 号楼项目	★★
181		上海市青浦区盈浦街道观云路南侧 23-01 地块 5 号楼东单元住宅项目（宝业·活力天地）	★★
182	住宅建筑	西安高新·天谷雅舍项目南地块（10～12、15～20 号住宅楼，13 号商业配套楼）	金级
183		成都青羊中绿园领秀金沙住宅项目	金级
184		香港石硖尾巴域街项目	金级
185		九龙深水埗西洋菜北街 456 号	金级
186		成都东原四水居	★
187		南京绿地海悦 C2-1～C2-5 号楼	★
188		镇江绿地新里城（15、18～19、22～23、27～28 号楼）项目	★
189		宿州绿地城 2017-325（A02 地块）项目（13、15～17 号楼住宅）	★
190		西安绿地新里公馆（1～3、5～13、15～21 号楼）	★
191		永丰产业基地（新）C4C5 公租房	★
192		南京中海澜苑 1～30 号楼	★
193		扬州 882 地块房地产开发项目 1～21 号楼	★
194		扬州侨城里 4～6、17、18、21～23、40、41、48～50 号楼	★
195		郑州中海云鼎湖居 1-22 号住宅楼	★
196		肇庆华侨城文化旅游科技产业小镇（一期）B 区	★

（续）

序号	项目类型	项目名称	星级
197		上饶恒大养生谷 1 号地块 1～25 号楼	★
198		深圳中海阳光橡树园（住宅）	★
199		上海市普陀区中山北社区 C060201 单元 A16-02 地块（中海汇德里）	★
200		上海市宝山区顾村大型居住社区 BSPO-0104 单元 0423-01 地块项目 1 号～3 号、5 号～10 号	★
201		上海市宝山区顾村大型居住社区 BSPO-0104 单元 0421-01 地块项目 1 号、3 号、5 号～10 号	★
202		盐城华樾花园 1、5、6、9、10、12、15、18 号楼	★
203		东莞中海春晓东苑 3 号、5 号、6 号楼	★
204		肇庆华侨城文化旅游科技产业小镇（一期）A 区住宅	★
205		宁波新芝源境府 10～12 幢楼	★
206		南京大方云起苑（1～34 号楼）	★
207		南京钟山印象府 1～15 号楼	★
208	住宅建筑	西安中海云锦项目（1～3 号楼、5～13 号楼）	★
209		上海市普陀区石泉社区 W060401 单元 A07A-04 地块	★
210		北京顺义区仁和镇临河村棚户区改造土地开发 C 片区 SY00-0007-6059 地块 1-1～16 号楼	★
211		北京顺义区仁和镇临河村棚户区改造土地开发 C 片区 SY00-0007-6064 地块 2-1～8 号楼	★
212		北京顺义区仁和镇临河村棚户区改造土地开发 C 片区 SY00-0007-6065 地块 3-1～10、12～13 号楼	★
213		南京泷悦雅颂府（1～5 号楼）	银级
214		长沙盛昱新苑 A-2 号楼	★
215		海口中海汇德里 1～3、5～6、8 号楼项目	★
216		苏州林溪雅苑（1～2、4～24 号楼）	★
217		北京市朝阳区崔各庄乡黑桥村、南皋村棚户区改造项目 30-L06 地块 F1 住宅混合公建用地项目（1-6 号楼）	★
218		无锡钰璟尚贤居 1～30 号楼	★
1		深圳南海意库 3 号楼	★★★
2	公共建筑	南京江北新区人才公寓（1 号地块）项目（3 号楼）	★★★
3		河南郑州海马国际商务中心二期（A3 地块 1 号楼）	★★★
4		申旺路 519 号上海建科 10 号楼	★★★

（续）

序号	项目类型	项目名称	星级
5		香港电气道 218 号	★★★
6		上海中核科创园 A1A2 办公楼	★★★
7		新开发银行总部大楼（上海）	★★★
8		唐山市水山樾城 49 中分校	★★★
9		华侨城济南章丘绣源河文旅综合项目一期文化中心	★★★
10		香港美利道 2 号办公楼	★★★
11		湖北省建研院中南办公区绿建综合改造项目	★★★
12		北京通州区德闳学校教学楼	★★★
13		苏州启迪设计大厦	★★★
14		杭政储出【2016】20 号地块商业商务用房（杭州国际中心）	★★★
15		深圳后海中心区 G-08 地块（暂定名）	★★★
16		南部新城南京外国语学校建设项目	★★★
17		北京市实创医谷产业园 15 号楼	★★★
18		江宁开发区将军大道人才公寓 -5 号配套服务用房	★★★
19	公共建筑	杭州市四堡七堡单元 JG1402-R22-29 地块 12 班幼儿园	★★★
20		湖州市南浔頔塘南岸新建工程西区块 CD-01-02-03B 地块文化中心	★★★
21		湖州市南浔頔塘南岸新建工程西区块 CD-01-02-02B-2 地块邻里中心	★★★
22		长三角一体化绿色科技示范楼	★★★
23		北京市城市规划设计研究院新建业务综合楼项目	★★★
24		中国东部（南京）农业科技创新港项目一期 4 号楼	★★★
25		上海市宛平南路 75 号科研办公楼改扩建项目	★★★
26		山东省建筑设计研究院有限公司新办公楼装修改造项目	铂金级
27		江苏省昆山建筑垃圾资源化利用项目（6# 办公楼）	★★★
28		北京市海淀区中关村壹号项目 B2 楼	★★
29		北京中关村集成电路设计园 9 号楼	★★
30		天津市建筑设计院新建业务用房	★★
31		济南中垠广场 1 号楼	★★
32		兰州市建研大厦绿色智慧科研综合楼改造工程	★★
33		浙江大学医学院附属妇产科医院钱江院区项目（一期）	★★
34		昆山市公共卫生中心	★★

（续）

序号	项目类型	项目名称	星级
35	公共建筑	深圳市建筑工程质量监督和检测中心实验业务楼安全整治工程	★★
36		金茂青岛西海岸创新科技城 7-5 地块 1# 楼	★★
37		青浦区朱家角镇浦泰路西侧 H08-05、H08-10 地块项目	★★
38		青浦区朱家角镇浦泰路西侧 H08-06、H08-13、H08-15 地块项目	★★
39		上海万达临港重装备产业园区 H23-01 地块商住项目（12 号购物中心）	★★
40		天津葛沽镇青少年活动中心	★★
41		北京市朝阳区崔各庄乡黑桥村、南皋村棚户区改造项目 30-L06 地块 F1 住宅混合公建用地项目（7 号公建楼）	★

表 B-3　2020—2023 年度健康建筑运行标识项目统计表

序号	项目类型	项目名称	星级
1	住宅建筑	北京当代万国城北区住宅 1-3、5、7-10 号楼	★★★
2		江苏省扬州市蓝湾国际 7 号楼项目	★★★
3		江苏省扬州市名门一品 25 号楼项目	★★★
1	公共建筑	中国石油大厦（北京）	★★★
2		苏州中衡设计集团研发中心	★★★
3		绍兴市华汇科研设计中心	★★★
4		南京长江都市智慧总部	★★★
5		北京市建筑设计研究院有限公司 C 座科研楼改造项目（1-4 层）	★★★
6		上海申旺路 519 号生产实验用房改扩建项目	★★★
7		吉林漫江生态文化旅游综合开发项目民俗文化村 13 号、14 号、15 号、16-1 号、16-2 号楼	★★

表 B-4　2020—2023 年度健康建筑专项（宁静住宅）设计标识项目统计表

序号	项目名称	星级
1	济南鲁能领秀城檀樾项目（G3 地块二期）	铂金级
2	济南鲁能领秀城槿樾项目（H1 地块）	金级
3	济南鲁能领秀城楠樾项目（H2 地块）	金级
4	济南鲁能领秀城柏樾项目（G2 地块）	金级
5	苏州独墅湖西璀璨园（1、3~7、10~12 号楼）	铜级

表 B-5　2020—2023 年度健康社区标识项目统计表

序号	项目名称	标识类型	星级
1	天津生态城起步区 05-07-01-03 地块季景峰阁社区		铂金级
2	上海天安豪园二期		铂金级
3	上海东原·璞阅		铂金级
4	济南鲁能领秀城雲麓二期（P-5 地块）及山地公园项目		铂金级
5	上海市青浦区重固镇章堰村乡村振兴配套设施项目		铂金级
6	南京市中宁府		铂金级
7	江苏苏州宿迁工业园区商住核心区		金级
8	陕西省渭南东原玖城阅		金级
9	武汉东原印·未来		金级
10	无锡华发首府		金级
11	珠海华发城建国际海岸花园		金级
12	湖州鲁能公馆		金级
13	石家庄当代府项目		金级
14	重庆市江北区茅溪社区鲁能·星城外滩天景小区		金级
15	北京鲁能领寓项目	设计标识	金级
16	青岛中绿蔚蓝湾项目		金级
17	东莞鲁能公馆		金级
18	宜宾市鲁能公馆项目（南部新区 BQ26-08 地块）		金级
19	重庆江津鲁能领秀城二街区		金级
20	重庆市大渡口区中绿江州小区		金级
21	合肥中海上东区		金级
22	成都市双流区西航港街道大件路白家段 623 号新建商住楼		金级
23	重庆市鲁能星城外滩·长江序		金级
24	沈阳大东鲁能公馆		金级
25	广州中绿蔚蓝湾		金级
26	大连金地城		金级
27	江门华发四季项目		金级
28	苏州苏地 2016-WG-61 号 A 地块项目		银级
29	宜宾市鲁能雲璟项目（南部新区 BQ31-1、BQ31-2 地块）		银级

（续）

序号	项目名称	标识类型	星级
30	平潭 2019G057 地块		银级
31	平潭 2019G065&G067 地块	设计标识	银级
32	平潭 2019G066 地块		银级
33	福州鲁能福苑		银级
1	济南市鲁能领秀城大区	运营标识	金级

表 B-6　2020—2023 年度健康小镇设计标识项目统计表

序号	项目名称	星级
1	吉林省长白山鲁能胜地	铂金级
2	河北省华中小镇	铂金级
3	杭州千岛鲁能胜地	铂金级

表 B-7　2020—2023 年度既有住区健康改造标识项目统计表

序号	项目名称	星级
1	上海市普陀区长风、万里、长风、真如、宜川等街道健康城区综合改造示范工程	铂金级
2	上海市浦东新区金杨新村街道绿色健康社区更新示范工程	铂金级
3	乌鲁木齐既有城市住区综合改造示范工程	金级
4	鄂州市"40 工程"既有住区综合改造示范工程	金级
5	长岛既有城市住区综合改造示范工程	金级
6	玉溪大河上游片区绿色健康城区示范工程	金级
7	珲春市老旧小区和弃管楼绿色低碳和健康综合改造示范工程	金级
8	绍兴市柯桥区柯桥街道柯岩街道住区改造示范工程	金级
9	遂宁市镇江寺片区既有居住区环境品质和基础设施综合改造示范工程	银级
10	白山市老旧小区和弃管楼健康综合改造示范工程	银级

附录 C 中国健康建筑大事记

日期	事件
2016 年 3 月 1 日	中国建筑学会标准《健康建筑评价标准》编制工作启动
2016 年 6 月 23 日	国务院印发《全民健身计划（2016—2020 年）》，提出开展全民健身活动，提供丰富多彩的活动供给；统筹建设全民健身场地设施，方便群众就近就便健身；发挥全民健身多元功能，形成服务大局、互促共进的发展格局的主要任务
2016 年 7 月 18 日	全国爱国卫生运动委员会印发《关于开展健康城市健康村镇建设的指导意见》，指出健康城市是卫生城市的升级版，通过完善城市的规划、建设和管理，改进自然环境、社会环境和健康服务，全面普及健康生活方式，满足居民健康需求，实现城市建设与人的健康协调发展。健康村镇是在卫生村镇建设的基础上，通过完善村镇基础设施条件，改善人居环境卫生面貌，健全健康服务体系，提升群众文明卫生素质，实现村镇群众生产、生活环境与人的健康协调发展
2016 年 8 月 26 日	中共中央政治局召开会议，审议通过"健康中国 2030"规划纲要。会议指出，推进健康中国建设，要坚持预防为主，推行健康文明的生活方式，营造绿色安全的健康环境，减少疾病发生
2016 年 10 月 25 日	中共中央、国务院印发并实施《"健康中国 2030"规划纲要》。明确以普及健康生活、优化健康服务、完善健康保障、建设健康环境、发展健康产业为工作重点
2016 年 11 月 21—24 日	"第九届全球健康促进大会"在上海召开。大会第一天讨论并通过了《2030 可持续发展中的健康促进上海宣言》，重申健康作为一项普遍权利，是日常生活的基本资源，是所有国家共享的社会目标和政治优先策略
2016 年 12 月 30 日	国家卫生计生委、中宣部、中央综治办、民政部等 22 个部门共同印发《关于加强心理健康服务的指导意见》，提出建立健全心理健康服务体系。将心理健康服务作为城乡社区服务的重要内容，依托城乡社区综合服务设施或基层综治中心建立心理咨询（辅导）室或社会工作室（站）
2017 年 1 月 6 日	中国建筑学会标准《健康建筑评价标准》（T/ASC 02—2016）发布
2017 年 1 月 11 日	国家卫生计生委印发《"十三五"全国健康促进与教育工作规划》，指出大力创建健康支持性环境的重要任务。全面推进卫生城市、健康城市、健康促进县（区）、健康社区（村镇）建设；开展健康管理制度建设、健康支持性环境创建、健康服务提供、健康素养提升等工作，创造有利于健康的生活、工作和学习环境；协助制订完善创建标准和工作规范，配合做好效果评价和经验总结推广，推动健康促进场所建设科学规范开展
2017 年 1 月 19 日	国家工程建设行业标准《健康建筑评价标准》编制工作启动
2017 年 3 月 1 日	住房和城乡建设部印发《建筑节能和绿色建筑发展"十三五"规划》，提出以人为本的发展原则。促进人民群众从被动到积极主动参与的角色转变，以能源资源应用效率的持续提升，满足人民群众对建筑舒适性、健康性不断提高的要求，使广大人民群众切实体验到发展成果，逐步形成全民公建的建筑节能与绿色建筑发展的良性社会环境
2017 年 3 月 2 日	环境保护部印发《国家环境保护"十三五"环境与健康工作规划》。规划的重点任务包括建立环境与健康基准、标准体系。完善环境基准理论和技术方法，分阶段、分步骤、有重点地研究发布基于人体健康的水、大气和土壤环境基准。制定、发布环境与健康现场调查、暴露评价、风险评价等管理规范类标准，科学指导并规范相关工作开展。编制发布一批环境与健康数据标准，增强数据采集的标准化与系统性

（续）

日期	事件
2017 年 3 月 15 日	第五届 Construction21 国际"绿色解决方案奖"在健康建筑产业技术创新战略联盟（筹）支持下设立"健康建筑解决方案奖"子奖项，与绿色建筑、既有建筑绿色改造、低碳建筑、智慧建筑、温带节能建筑、热带节能建筑并列为七大建筑类子奖项
2017 年 3 月 21—22 日	"第十三届国际绿色建筑与建筑节能大会暨新技术与产品博览会"在北京举办，会议主题为"提升绿色建筑质量，促进节能减排低碳发展"。开幕式中对我国第一批健康建筑标识项目授牌
2017 年 3 月	普华永道发布《普华永道〈地产＋健康：探索房地产跨界转型新方向〉》，就健康地产在中国的现状、"地产＋健康"的产业升级方向、健康地产的进入壁垒与转型渠道、展望进行分析解读
2017 年 4 月 10 日	"健康建筑"微信公众号正式上线，由中国城市科学研究会绿色建筑研究中心运营。公众号为我国健康建筑推广平台；健康建筑系列标准官方信息发布平台；分享中国健康建筑最新发展动向、健康建筑专业知识及相关资讯，构建与同行及建筑使用者的互动平台
2017 年 4 月 18 日	"健康建筑产业技术创新战略联盟成立大会暨第一届理事会"在北京召开。联盟由中国建筑科学研究院有限公司发起，跨越传统建筑行业，凝聚医疗卫生优势资源，由致力推动建筑业技术进步、探索健康宜居环境和生活服务的 22 家科研院所、高等院校、设计院、地产开发商、医疗机构、设备厂商、物业管理公司、施工单位等有关机构组成，旨在推动健康建筑产业资源汇集，促进技术交流合作，探索科技服务创新，建设健康生活环境
2017 年 4 月 20 日	"健康建筑联盟"微信公众号正式上线，由健康建筑产业技术创新战略联盟秘书处运营。公众号通过刊载联盟工作情况以及健康建筑的相关政策、行业动态、科研成果、项目实践、国际合作、健康生活贴士等内容，普及健康建筑理念，展示健康建筑领域动态和成果
2017 年 6 月 5—7 日	"2017 年度香港可持续发展建筑环境全球会议"在香港举办，会议主题为"建筑环境变革：创新、融合、实践"。中国城市科学研究会绿色建筑研究中心承办"健康建筑理论与实践论坛"
2017 年 6 月 12 日	《中共中央、国务院关于加强和完善城乡社区治理的意见》发布，指出改善社区人居环境。加强城乡社区环境综合治理，做好城市社区绿化美化净化、垃圾分类处理、噪声污染治理、水资源再生利用等工作；推进健康城市和健康村镇建设
2017 年 8 月 3—4 日	"首届京津冀健康城市建设暨纪念爱国卫生运动 65 周年峰会"在北京召开，会议主题为"建设健康城市、共建美好家园"
2017 年 8 月 25—26 日	"第一届中国环境与健康大会"在北京召开，会议主题为"减少环境危害，促进公众健康"。会议探讨了新形势下减少环境危害、促进健康水平的策略措施
2017 年 10 月 16—17 日	"2017 国际健康照明论坛"在北京举办，会议主题为"光、智能、健康"

（续）

日期	事件
2017 年 10 月 30 日	中国工程标准化协会标准《健康社区评价标准》编制工作启动
2017 年 11 月 5—6 日	"第八届建筑与环境可持续发展国际会议"（SuDBE2017）暨"第八届室内环境与健康分会学术年会"（IEHB2017）在重庆召开。健康建筑产业技术创新战略联盟承办"健康建筑论坛"
2017 年 11 月 7 日	《中国健康城市建设研究报告（2017）》发布。报告梳理了中国健康城市发展之路，深入探讨健康环境、健康社会、健康服务、健康文化、健康产业、健康人群六大领域的重大问题，旨在为党和政府落实"健康中国"战略、完善国民健康政策，以及社会各界参与健康城市领域的研究与实践提供有益的理论和经验参照
2017 年 11 月 16 日	"Construction21 国际'绿色解决方案奖'颁奖典礼"在德国波恩举行。中国石油大厦获得"健康建筑解决方案奖"全球第一名
2018 年 3 月 28 日	全国爱国卫生运动委员会印发并实施《全国健康城市评价指标体系（2018 版）》。该指标体系针对现阶段我国城市发展中的主要健康问题和健康影响因素，特别强调健康城市建设应当秉持"大卫生、大健康"理念，实施"把健康融入所有政策"策略，共包括 5 个一级指标、20 个二级指标、42 个三级指标体系
2018 年 4 月 2—3 日	"第十四届国际绿色建筑与建筑节能大会暨新技术与产品博览会"在珠海举办，会议主题为"推动绿色建筑迈向质量时代"。开幕式中对第二批健康建筑标识项目授牌。健康建筑产业技术创新战略联盟与中国城市科学研究会绿色建筑研究中心共同承办"健康建筑理论与实践论坛"
2018 年 4 月 18 日	清华大学与国际著名学术期刊《柳叶刀》（Lancet）在清华大学联合召开发布会，发布了《健康城市：释放城市力量、共筑健康中国》特邀报告。该报告由清华大学主导，国家卫生健康委员会疾病预防控制局、世界卫生组织驻中国代表处、联合国大学全球环境健康研究所、加州大学伯克利分校等多个机构和高校参与，共 45 名专家学者组成的委员会耗时 2 年完成。报告分析了在中国快速城市化背景下城市所面临的健康挑战，总结了当前应对措施的成效与不足，并提出了建设健康城市的建议
2018 年 5 月 29 日	"2018 第二届京津冀健康城市峰会"在天津召开，会议主题为"携手新时代，共享大健康"
2018 年 5 月 29 日	"中国健康建筑网"正式上线
2018 年 7 月 16 日	中国工程标准化协会标准《健康小镇评价标准》编制工作启动
2018 年 7 月 26—27 日	"第十三届城市发展与规划大会"在苏州举办，会议主题为"城市设计引领绿色发展与文化传承"。中国建筑科学研究院有限公司、中国城市科学研究会绿色建筑研究中心、DelosTM（亚洲）、国际 WELL 建筑研究院（IWBI）和健康建筑产业技术创新战略联盟承办"健康人居思想汇"论坛
2018 年 7 月 27 日	中国城市科学研究会健康城市专业委员会成立
2018 年 8 月 1 日	中国城市科学研究会绿色建筑研究中心发起成立"中国工程建设标准化协会绿色建筑与生态城区专业委员会健康人居专业组"。中国城市科学研究会健康建筑专家培训会在北京举办
2018 年 9 月 30 日	上海市健康促进委员会制定了《上海市建设健康城市三年行动计划（2018—2020 年）》，深入推进上海健康城市建设
2018 年 10 月 30 日—11 月 1 日	"首届全球空气污染与健康大会"在日内瓦世卫组织总部举行。这是首个同时关注空气污染与健康的全球会议，聚集了来自各国的卫生、环境、财政和发展部长，以及城市领导者、活动家和科学家，共同讨论如何解决这一全球问题

（续）

日期	事件
2018 年 11 月 18 日	由中国建筑科学研究院有限公司承担的国家"十三五"重点研发计划课题"既有城市住区功能设施的智慧化和健康化升级改造技术研究"启动会在北京召开
2018 年 12 月 13 日	《中国健康城市建设研究报告（2018）》发布
2019 年 3 月 13 日	国家标准《绿色建筑评价标准》（GB/T 50378—2019）发布，2019 年 8 月 1 日实施。标准更加突出"以人为本"的新时代特征，专门设置"健康舒适"章节，旨在创建一个健康宜居的室内环境，增进建筑使用者对于绿色建筑的体验感和获得感
2019 年 3 月 22 日	"2019（第一届）健康建筑大会"在北京召开，大会主题为"健康建筑助力高品质发展"。会上，对优秀的健康建筑标识项目授予"健康建筑示范基地"
2019 年 3 月 26 日	《2019 中国绿色人居趋势报告》发布。在中国林产工业协会的指导下，千年舟·澳思柏恩携手腾讯家居围绕中国家庭室内污染认知、中国家庭绿色消费升级及中国绿色人居行动指南等维度，系统梳理及综合评估国人绿色人居升级需求，并结合最新绿色板材与产品趋势，从科学角度为家具制造企业及中国广大家庭提供健康人居指导方案及行动指南，共同发起"零醛生活"愿景倡导
2019 年 4 月 3—4 日	"第十五届国际绿色建筑与建筑节能大会暨新技术与产品博览会"在深圳召开，会议主题为"升级绿色建筑，助推绿色发展"。开幕式中对新获得健康建筑标识的优秀项目授牌。健康建筑产业技术创新战略联盟与中国城市科学研究会绿色建筑研究中心共同承办"健康建筑理论与实践论坛"
2019 年 6 月 10 日	"第二届中国环境与健康大会"在深圳召开，会议主题为"健康环境，健康生活"。会议从不同的角度和方向探讨了关乎环境健康的热点问题和解决策略及措施
2019 年 6 月 11 日	博鳌亚洲论坛全球健康论坛首届大会在青岛开幕。大会围绕"健康无处不在——可持续发展的 2030 时代"的主题和"人人得享健康"口号，讨论大健康相关领域热点，促进全球合作，着力增进亚洲及世界人民的健康福祉
2019 年 6 月 12 日	上海市绿色建筑协会团体标准《健康建筑评价标准》（T/SHGBC 000001—2019）发布
2019 年 7 月 9 日	健康中国行动推进委员会印发《健康中国行动（2019—2030 年）》，将"健康环境促进行动"列为重大行动之一，强调把健康融入城乡规划、建设、治理的全过程。将居民饮用水质、室内空气污染、健康生活方式、健康手册编制等列为行动目标，并提出了制定健康社区、健康单位（企业）、健康学校等健康细胞工程建设规范和评价指标的要求
2019 年 7 月 15 日	国务院印发《国务院关于实施健康中国行动的意见》，细化落实《"健康中国 2030"规划纲要》对普及健康生活、优化健康服务、建设健康环境等部署，为进一步推进健康中国建设规划新的"施工图"。意见将"实施健康环境促进行动"列为主要任务之一
2019 年 7 月 15 日	国务院办公厅印发《健康中国行动组织实施和考核方案》。方案提出建立全组织构架，统筹推进组织实施、监测和考核相关工作；要求各有关部门要积极研究实施健康中国战略的重大问题，及时制定并落实《健康中国行动（2019—2030 年）》的具体政策措施；明确加强对主要指标、重点任务的实施进度进行年度监测；强调建立相对稳定的考核指标框架
2019 年 8 月 28 日	"第十四届城市发展与规划大会"在郑州召开，会议主题为"创新规划设计，提升城市活力"。健康建筑产业技术创新战略联盟、中国建筑科学研究院有限公司、中国城市科学研究会绿色建筑研究中心、Delos、国际 WELL 建筑研究院联合承办"健康社区理论前沿与实践进展——健康人居思想汇"论坛
2019 年 9 月 5 日	《住宅建筑健康厨房星级评价标准》专家审查会在京召开。标准由中建协认证中心自 2018 年起发起编制，旨在实现厨房健康性能提升，指导健康厨房建设、运行与认证，规范健康厨房的评价

（续）

日期	事件
2019 年 10 月 22—25 日	"2019 年健康建筑学术会议（亚洲）"在长沙举行。侯立安院士在大会开幕式上就中国健康建筑的发展背景和取得成果进行主题介绍，并提出了科学化、经济化和全球化的多维发展方向。健康建筑联盟承办"中国健康建筑实践与发展"研讨会
2019 年 11 月 1 日	国家卫生健康委员会召开专题新闻发布会，介绍《关于建立完善老年健康服务体系的指导意见》有关情况。《意见》由国家卫生健康委员会会同国家发改委等 8 个部门联合印发，是我国第一个关于老年健康服务体系的指导性文件。其印发实施，对加强我国老年健康服务体系建设、提高老年人健康水平、推动实现健康老龄化具有里程碑意义
2019 年 11 月 2 日	"第四届健康中国高峰论坛"在深圳召开，会议主题为"健康中国 深圳行动"。围绕健康中国行动 15 项专项行动，解读健康中国相关政策，交流健康管理创新模式，展示健康管理产业成就，搭建健康管理合作平台，共享健康管理发展成果，形成"政府牵头、社会参与、家庭支持、人人负责"的健康维护大格局，全面推动健康中国行动落地，全力推进"全人群受益、全时辰监测、全周期干预、全方位联动、全要素管控"的智慧健康管理服务体系建设
2019 年 11 月 4 日	"Construction21 国际'绿色解决方案奖'颁奖典礼"在法国巴黎举办。天津市建筑设计院新建业务用房获得"健康建筑解决方案奖"全球第一名。该项目入选全球建筑联盟发布的《2019 年全球建筑行业形势报告》，为中国内地唯一一项目
2019 年 12 月 4 日	国家卫生健康委员会发布《空气污染（霾）人群健康防护指南的通知》，针对空气霾污染天气的健康防护需求，从知识传播、信念培养和防护技能等方面，给出公众综合健康防护对策和建议。适用对象为公众个体等。适用区域为室外环境，居家室内环境，公共场所、学校、办公室等其他室内场所环境
2019 年 12 月 10 日	《中国健康城市建设研究报告（2019）》发布
2019 年 12 月 11 日	"健康建筑联盟第六次工作会暨绿色、健康、智慧人居创新发展高峰论坛"在北京召开。会上，《健康建筑联合创新实验室 2019 年度成果白皮书》发布
2019 年 12 月 23 日	"全国住房和城乡建设工作会议"在京召开。会上强调了着力开展美好环境与幸福生活共同缔造活动，通过完善社区基础设施和公共服务，创造宜居的社区空间环境，营造体现地方特色的社区文化，推进"完整社区"建设的重要工作，推动建立共建共治共享的社区治理体系
2020 年 3 月 21 日	中国工程建设标准化协会、中国城市科学研究会标准《健康社区评价标准》（T/CECS 650—2020，T/CSUS 01—2020）发布
2020 年 6 月	我国首部健康建筑年鉴《健康建筑 2020》出版，该书由健康建筑产业技术创新战略联盟发起，中国建筑科学研究院有限公司组织编撰，旨在全面、翔实、系统地记载我国健康建筑产业发展历程、科技成果和实践经验，供研究市场、指导发展和制定决策借鉴
2020 年 6 月 2 日	习近平总书记主持召开专家学者座谈会并发表重要讲话。会上强调，要推动将健康融入所有政策，把全生命周期健康管理理念贯穿城市规划、建设、管理全过程各环节
2020 年 6 月 16 日	中国工程建设标准化协会标准《健康小镇评价标准》（T/CECS 710—2020）发布
2020 年 7 月 15 日	住房和城乡建设部、国家发展和改革委员会等七部门联合印发《绿色建筑创建行动方案》。其中明确了创建目标：到 2022 年，当年城镇新建建筑中绿色建筑面积占比达到 70%，星级绿色建筑持续增加，既有建筑能效水平不断提高，住宅健康性能不断完善，装配化建造方式占比稳步提升，绿色建材应用进一步扩大，绿色住宅使用者监督全面推广，人民群众积极参与绿色建筑创建活动，形成崇尚绿色生活的社会氛围

（续）

日期	事件
2020 年 8 月 10 日	上海市住房和城乡建设管理委员会发布《上海绿色建筑发展报告 2019》，报告中指出"大力发展满足新时代健康需求的健康建筑"是领域发展趋势之一
2020 年 8 月 26—27 日	"第十六届国际绿色建筑与建筑节能大会暨新技术与产品博览会"在苏州举办，会议主题为"升级住房消费——健康绿色建筑"。健康建筑产业技术创新战略联盟与中国城市科学研究会绿色建筑研究中心共同承办"健康建筑理论与实践论坛"
2020 年 8 月 28 日	清华大学中国新型城镇化研究院召开新闻发布会，宣布将以第三方机构身份正式启动"城市健康指数"评估工作，依托"大数据＋大健康"为健康城市建设精准画像
2020 年 8 月 31 日	中国工程建设标准化协会标准《健康医院建筑评价标准》（T/CECS 752—2020）发布
2020 年 9 月 3 日	山东省住房和城乡建设厅等七部门联合印发《山东省绿色建筑创建行动实施方案》。明确提出"促进健康建筑发展"的重点任务要求
2020 年 9 月 8 日	"2020（第二届）健康建筑大会"在北京召开，大会主题为"从健康建筑到健康社区，共建健康人居"。会上，举行健康建筑项目证书授予仪式，并宣布启动"健康建筑产品评价工作"
2020 年 10 月 30 日	广州市住房和城乡建设局印发《广州市健康建筑设计导则（试行）》
2020 年 11 月 13 日	中国城市科学研究会标准《既有住区健康改造评价标准》（T/CSUS 08—2020）发布
2020 年 11 月 29 日	"2020 健康建筑产业创新发展高峰论坛"在北京召开。会上，发布了中文版《健康与福祉工作框架》，举办了《健康社区评价标准》宣贯培训
2020 年 12 月 25 日	山东省《山东省健康住宅开发建设技术导则》（JD—055—2020）发布
2020 年 12 月 28 日	《中国健康城市建设研究报告（2020）》发布
2020 年 12 月 29 日	四川省住房和城乡建设厅等九部门印发《四川省绿色建筑创建行动实施方案》。鼓励养老设施、中小学宿舍、幼儿园等建筑按健康建筑标准规划、设计、施工、运营和评价，支持各地扩大健康建筑应用范围
2020 年 12 月 31 日	大连市《健康建筑评价规程》（DB 2102/T 0015—2020）发布
2021 年 1 月 25 日	济南市人民政府印发《关于全面推进绿色建筑高质量发展的实施意见》。提出全面推广高星级绿色建筑、高星级健康建筑、被动式超低能耗建筑和近零能耗建筑等符合生态发展、节能减排及改善群众居住环境目标的高标准建筑形式的重点任务
2021 年 3 月 29 日	中国城市科学研究会标准《既有住区健康改造技术规程》（T/CSUS 13—2021）发布
2021 年 4 月 1 日	福田区住房和建设局发布《关于进一步加强辖区建筑领域绿色低碳发展有关要求的通知》，指出提升建筑健康性能推广健康建筑发展
2021 年 4 月 29 日	天津市住房和城乡建设委员会印发《天津市绿色建筑发展"十四五"规划》。提出"加快健康建筑发展，促进绿色建筑内涵延伸"的重点任务
2021 年 5 月	北京城市副中心印发《北京城市副中心绿色建筑高质量发展的指导意见（试行）》。提出"合理规划健康建筑等'绿色建筑＋'项目""鼓励发展健康建筑，提高建筑室内空气、水质、隔声等健康性能指标及视觉、心理舒适性"
2021 年 5 月 7 日	辽宁省《健康建筑设计标准》（DB21/T 3403—2021）发布
2021 年 5 月 18—19 日	"第十七届国际绿色建筑与建筑节能大会暨新技术与产品博览会"在苏州举办，会议主题为"聚焦建筑碳中和，构建绿色生产生活新体系"。健康建筑产业技术创新战略联盟与中国城市科学研究会绿色建筑研究中心共同承办"健康建筑理论与实践论坛"

（续）

日期	事件
2021 年 5 月 27 日	成都市住房和城乡建设局等 7 部门印发了《成都市绿色建筑创建行动实施计划》，健全法规标准体系，结合成都市实际提升健康、能效、舒适、绿色等性能，提高绿色建筑建设品质；开展试点示范，鼓励市场主体开展"绿色建筑 + 健康"设计，进一步提高建筑室内空气、水质、隔声等健康性能指标
2021 年 6 月 3 日	北京市住房和城乡建设委员会等十部门印发《北京市绿色建筑创建行动实施方案（2020年—2022 年）》。提出"提高住宅健康性能"的重点任务。到 2022 年，结合疫情防控要求和北京实际，构建本市健康建筑技术标准体系框架，并编制健康建筑评价标准，提高建筑室内空气、水质、隔声、热湿等健康性能指标，提升建筑视觉和心理舒适性，完善健身和交流条件，建设健康建筑示范项目 50 万 m^2
2021 年 7 月 23 日	"2021（第三届）健康建筑大会"在北京召开。大会主题为"营造健康宜居环境，提升人民健康保障"
2021 年 7 月 30 日	北京市规划和自然资源委员会发布了 2021 年第一批集中供地高标准设计方案公告。公告内容显示，8 个方案全部承诺实施健康建筑。根据《高标准商品住宅建设方案评审内容和评分标准》建筑品质要求，项目实施根据健康建筑面积占比和总建筑面积给予分级赋分
2021 年 8 月 30 日	工业和信息化部、国家卫生健康委员会等十部门印发《"十四五"医疗装备产业发展规划》（工信部联规〔2021〕208 号），提出"探索在办公场所、公共场所、家庭等健康建筑内嵌入基础医疗设施装备"，以健康建筑为载体推进康养一体化发展
2021 年 8 月 30 日	河北雄安新区管理委员会印发《雄安新区绿色建筑高质量发展的指导意见》。提出大力支持绿色建筑与近零能耗建筑、零碳建筑、健康建筑、智慧建筑、装配式建筑等"绿色建筑 +"融合发展
2021 年 9 月 1 日	中国建筑学会标准《健康建筑评价标准》（T/ASC 02—2021）发布
2021 年 10 月 14—17 日	"第三届中国环境与健康大会"在成都召开，会议主题为"建设健康环境，确保美好未来"。会议围绕环境暴露与健康、化学物质毒性效应与机制、暴露科学与暴露组学、气候变化与健康、疾病环境传播与控制等多个领域进行深入探讨
2021 年 11 月 19 日	北京市住房和城乡建设委员会、北京市规划和自然资源委员会印发《关于规范高品质商品住宅项目建设管理的通知》。指出健康建筑应符合《健康建筑评价标准》（T/ASC 02—2016）或国际 WELL 建筑标准；当发布实施健康建筑的国家标准、行业标准或地方标准时，应符合现行标准
2021 年 12 月 3 日	北京市住房和城乡建设委员会和北京市规划和自然资源委员发布《关于规范高品质商品住宅项目建设管理的通知》，健康建筑被列为高品质住宅的建设方案之一
2021 年 12 月 21 日	工业和信息化部、国家卫生健康委员会等十部门印发《"十四五"医疗装备产业发展规划》。提出推进开源外接设备、医疗健康软件与基础医疗设施同步发展，探索在办公场所、公共场所、家庭等健康建筑内嵌入基础医疗设施装备，建立健全重点人群健康信息的自动感知、存储传输、智能计算、评估预警等全程管理体系，实现个人健康实时监测与评估、疾病预警、慢病筛查、主动干预
2021 年 12 月 21 日	北京市人民政府印发《"十四五"时期健康北京建设规划》。指出"营造安全宜居的健康环境"为主要任务之一
2021 年 12 月 23 日	全国城市健康大数据研究成果《清华城市健康指数 2021》发布
2022 年 1 月 11 日	由健康建筑产业技术创新战略联盟主创的"健康建筑·健康生活"形象片荣获 2020 年度全国优秀科普微视频作品，该比赛由科技部、中科院联合开展
2022 年 1 月 14 日	《中国健康城市建设研究报告（2021）》发布

（续）

日期	事件
2022 年 1 月 19 日	住房和城乡建设部印发《"十四五"建筑业发展规划》，指出建筑业迫切需要树立新发展思路，将扩大内需与转变发展方式有机结合起来，从追求高速增长转向追求高质量发展，从"量"的扩张转向"质"的提升
2022 年 2 月	国际建筑师协会全体会议宣布 2022 年为"UIA 健康设计年"（UIA Year of Design for Health）。这一承诺敦促所有 UIA 会员部门鼓励建筑师及其客户采用循证设计促进建筑和城市健康，同时也旨在提高公众和利益相关者对"设计影响健康和福祉"的认识
2022 年 3 月 1 日	住房和城乡建设部印发《"十四五"建筑节能与绿色建筑发展规划》，提出加强高品质绿色建筑建设的重点任务内容，倡导建筑绿色低碳设计理念，充分利用自然通风、天然采光等，降低住宅用能强度，提高住宅健康性能
2022 年 3 月 3 日	中国城市科学研究会标准《健康建筑可持续运行评价技术规范》（T/CSUS 39—2022）发布
2022 年 3 月 28 日	深圳市第七届人民代表大会常务委员会第八次会议通过《深圳经济特区绿色建筑条例》，明确要求提升绿色建筑性能指标，进一步加强健康保障，营造健康环境，增强人民群众的获得感
2022 年 4 月 14 日	教育部办公厅印发《关于实施全国健康学校建设计划的通知》，从基础条件、学校治理能力、教育教学、健康促进等 4 方面明确了全国健康学校建设基本条件，并提出落实立德树人根本任务、健全学校健康治理体系、提升全体学生健康素养、完善学校健康教育体系、建立健康监测评价机制、增强校园健康服务能力、营造学生健康成长环境等 7 项建设目标任务
2022 年 4 月 27 日	国务院办公厅印发《"十四五"国民健康规划》，持续推动发展方式从以治病为中心转变为以人民健康为中心，为群众提供全方位全周期健康服务，不断提高人民健康水平。《规划》指出加强环境管理的任务要求
2022 年 6 月 20 日	中国工程建设标准化协会标准《健康建筑产品评价通则》（T/CECS 10195—2022）发布
2022 年 7 月 4 日	中国工程建设标准化协会标准《健康养老建筑技术规程》（T/CECS 1110—2022）发布。
2022 年 7 月 12 日	"第十八届国际绿色建筑与建筑节能大会暨综合交流会"通过线上＋线下形式在沈阳召开，会议主题为"拓展绿色建筑，落实'双碳战略'"。健康建筑产业技术创新战略联盟与中国城市科学研究会绿色建筑研究中心共同承办"健康建筑理论与实践论坛"
2022 年 8 月 1 日	工业和信息化部办公厅、住房和城乡建设部办公厅、商务部办公厅、市场监管总局办公厅印发《推进家居产业高质量发展行动方案的通知》，指出"加强关联行业在健康应用技术、智能家居集成、智能化解决方案等领域交流合作，促进产业联动创新""增加健康智能绿色产品供给""围绕健康消费需求和老人、儿童等重点人群，推动适老化家电家居、健康电器、生活服务类机器人等产品研发应用"，强调了健康产品供给的重要支持方向
2022 年 8 月 6 日	"2022（第四届）健康建筑大会"在北京召开。大会主题为"推动健康建筑协同创新，加快健康人居迭代升级"。会上，启动"健康建筑·健康选材"联合倡议行动，并举办首批"健康小镇"标识项目、"健康建筑产品"标识产品证书授予仪式
2022 年 11 月 6 日	《健康社区评价标准》（T/CECS 650—2020，T/CSUS 01—2020）获得中国工程建设标准化协会标准科技创新奖一等奖
2022 年 11 月 18 日	科技部、住房和城乡建设部印发《"十四五"城镇化与城市发展科技创新专项规划》，提出加强绿色健康韧性建筑与基础设施研究
2023 年 1 月 17 日	"全国住房和城乡建设工作会议"在北京召开，会议指出，以努力让人民群众住上更好的房子为目标，从好房子到好小区，从好小区到好社区，从好社区到好城区，进而把城市规划好、建设好、治理好，持续实施城市更新行动和乡村建设行动，打造宜居、韧性、智慧城市，建设宜居宜业和美乡村

（续）

日期	事件
2023 年 2 月 17 日	中国建筑设计研究院有限公司牵头承担的"十四五"国家重点研发计划项目"健康住区环境监测评价和保障关键技术研究与示范"在京召开启动暨实施方案论证会
2023 年 2 月 22 日	全国城市健康大数据研究成果《清华城市健康指数 2022》发布
2023 年 2 月 24 日	《中国健康城市建设研究报告（2022）》发布
2023 年 3 月 10 日	中国工程建设标准化协会《健康养老建筑评价标准》（T/CECS 1286—2023）发布
2023 年 4 月 6 日	北京市《健康建筑设计标准》（DB11/ 2101—2023）发布
2023 年 5 月 15—16 日	"第十九届国际绿色建筑与建筑节能大会暨新技术与产品博览会"在沈阳举办，会议主题为"拓展绿色建筑，落实'双碳战略'"。健康建筑产业技术创新战略联盟与中国城市科学研究会绿色建筑研究中心共同承办"健康建筑理论与实践论坛"
2023 年 5 月 29 日	中国工程建设标准化协会发布《好住房评价标准》《好社区评价标准》《好城区评价标准》"三好"标准立项通知
2023 年 6 月 15 日	中国建筑学会标准《健康建筑设计标准》（T/ACS 37—2023）发布
2023 年 6 月 28 日	山东省住房城乡建设厅印发《山东省高品质住宅开发建设指导意见》，指出，高品质住宅应符合高质量发展要求，具备质量优良、安全耐久、功能优化、健康舒适等品质，体现人文美学价值、引领美好居住生活发展方向，是广大群众普遍认可的"好房子"
2023 年 8 月 15 日	中国城市科学研究会标准《宁静住宅评价标准》（T/CSUS 61—2023）发布
2023 年 8 月 17 日	"第四届中国环境与健康大会"在成都召开，会议主题为"交叉、融合、创新"。除了传统的空气、土壤和水领域，大会新增了新污染物、食品安全、海洋环境、特殊环境、污水流行病学等内容，更加凸显跨学科、跨专业、跨领域的特色
2023 年 8 月 25 日	"2023（第五届）健康建筑大会"在北京召开。大会主题为"健康建筑与健康社区助力新时代好房子好社区建设"。会上，举办首批宁静住宅项目证书授予仪式
2023 年 9 月 10 日	《健康小镇评价标准》（T/CECS 710—2020）获得中国工程建设标准化协会标准科技创新奖一等奖
2023 年 10 月 14 日	2023 年世界标准日主题座谈会暨《好住房评价标准》《好社区评价标准》《好城区评价标准》编制启动工作会议在北京隆重召开
2023 年 10 月 31 日	全国城市健康大数据研究成果《清华城市健康指数 2023》发布
2023 年 11 月 16 日	"2023 健康建筑产业创新发展高峰论坛"在深圳顺利召开。会上，开展了以"推进好房子建设：健康建筑的机遇与挑战"为主题的圆桌对话
2023 年 11 月 24 日	北京市第十六届人民代表大会常务委员会第六次会议通过《北京市建筑绿色发展条例》，率先将推行健康建筑评价制度纳入地方立法，并提出将相关结果应用于建筑物价值评估等方面
2023 年 12 月	中国建筑科学研究院有限公司牵头组织编写的《建筑里的健康密码》出版。本书以通俗易懂的语言、简单明了的插图和专业的知识拓展，围绕健康建筑六大核心要素——空气、水、舒适、健身、人文、服务的技术要求进行解读，帮助大家认识建筑对健康的影响，了解建筑技术科学，主动创建健康环境和采取健康生活方式
2023 年 12 月 8 日	"2023（第二届）人居健康大会"在北京召开。大会主题为"主动健康·至上人居"。会上，发布了《健康建材评价通则》标准与标识、"孕婴安心品牌计划"母婴健康行动标识
2023 年 12 月 8 日	"健康建筑产品技术体系研究与应用项目"获得 2023 年度中国建材市场协会"人居健康科技创新奖"科技进步奖一等奖